화물운송종사 자격시험
실전문제

교통안전시설 일람표

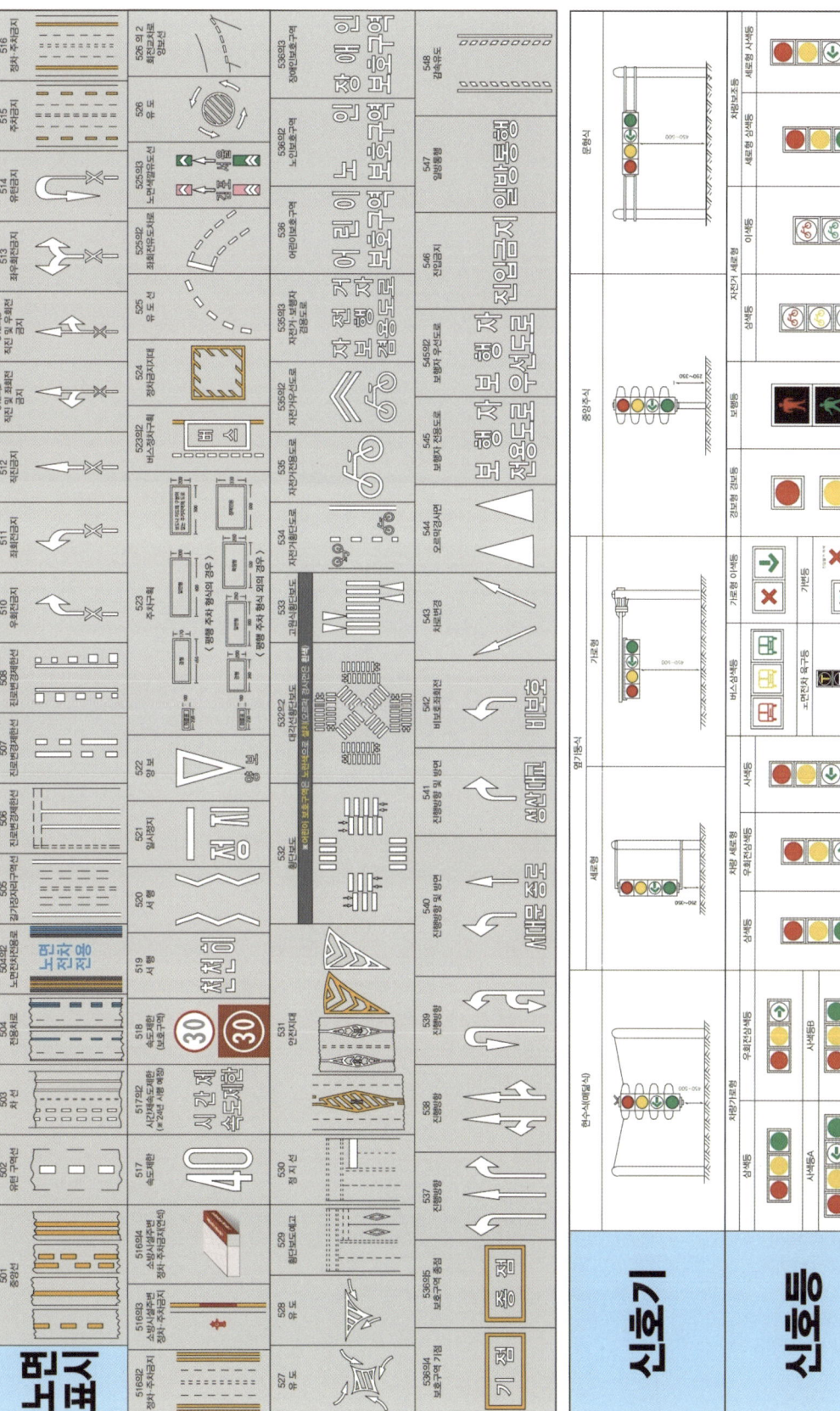

화물운송종사 자격시험
실전문제

개정 3판 발행	2025년 2월 7일
개정 4판 발행	2026년 1월 15일

편 저 자	자격시험연구소
발 행 처	(주)서원각
등록번호	1999-1A-107호
주　　소	경기도 고양시 일산서구 덕산로 88-45(가좌동)
대표번호	031-923-2051
팩　　스	031-923-3815
교재문의	카카오톡 플러스 친구 [서원각]
홈페이지	goseowon.com

▷ 이 책은 저작권법에 따라 보호받는 저작물로 무단 전재, 복제, 전송 행위를 금지합니다.
▷ 내용의 전부 또는 일부를 사용하려면 저작권자와 (주)서원각의 서면 동의를 반드시 받아야 합니다.
▷ ISBN과 가격은 표지 뒷면에 있습니다.
▷ 파본은 구입하신 곳에서 교환해드립니다.

PREFACE

화물운송종사 자격시험은 화물자동차 운전자의 전문성 확보를 통해 운송서비스 개선, 안전운행 및 화물운송업의 건전한 육성을 도모하기 위해 시행되는 자격시험으로 화물자동차 관련 법규와 안전운행, 운송서비스, 화물취급요령에 대한 내용 숙지가 매우 중요합니다. 화물운송종사 자격시험은 문제은행 방식으로 전체 문제가 정해져 있고 그 중에서 무작위로 출제가 됩니다. 그러므로 어떠한 문제를 공부하느냐가 관건이라고 볼 수 있습니다. 그래서 도서출판 서원각은 화물운송종사 자격시험에 도전하려는 수험생 여러분을 위하여 화물운송종사 자격시험 실전문제를 발행하게 되었습니다.

본서는 최근 개정된 도로교통 관련 법규와 화물자동차 운수사업법 및 화물운송종사 자격시험의 주관처인 한국교통안전공단이 개제한 수험용 참고자료인 기본학습교재를 완벽하게 반영하였습니다. 또한 최근 시행된 기출문제를 통하여 출제경향과 자주 출제되는 문제를 완벽하게 분석하여 출제기준과 시험의 경향에 맞춰 과목별 영역별 실전 연습문제를 수록하였습니다.

마지막으로 실전 연습문제에는 명쾌하고 상세한 해설을 추가하여 다양하게 출제될 수 있는 동일 유형의 문제도 쉽게 풀 수 있도록 구성하였으며, 2회분의 실전 모의고사를 수록함으로써 수험생 스스로 자신의 실력을 최종 점검할 수 있도록 하였습니다.

[본서의 구성]
- 시험에 출제가 예상되는 연습문제
- 실력점검을 위한 모의고사

신념을 가지고 도전하는 사람은 반드시 그 꿈을 이룰 수 있습니다.
도서출판 서원각은 수험생 여러분의 그 꿈을 항상 응원합니다.

STRUCTURE

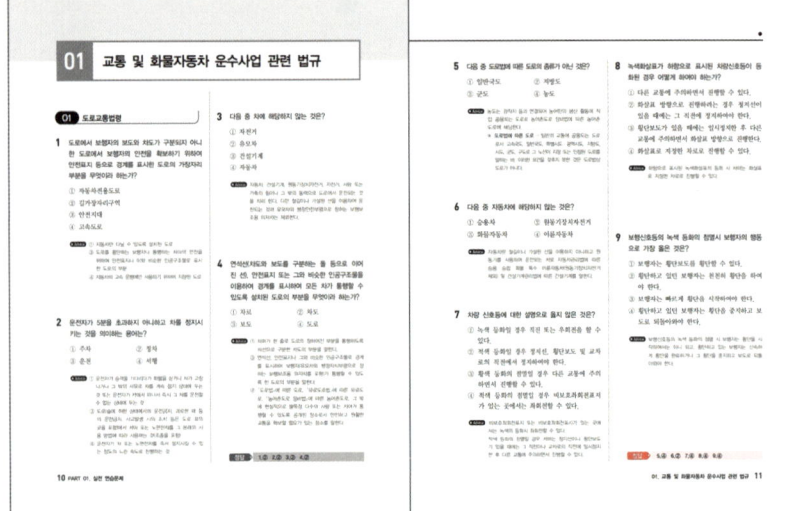

실전 연습문제

최근 시행된 기출문제와 출제경향을 완벽 분석하여 과목별 영역별 실전 연습문제를 수록하였습니다.

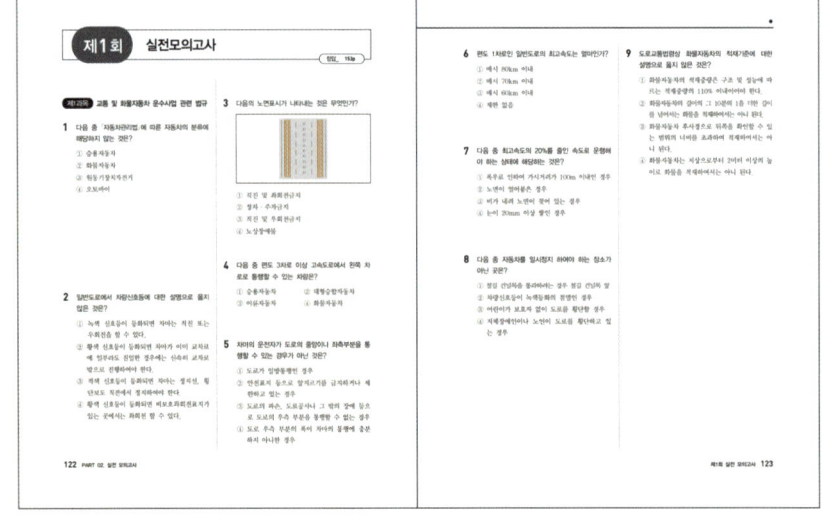

실전 모의고사

실전 연습문제를 통해 쌓은 자신의 실력을 스스로 최종 점검할 수 있도록 실전 모의고사를 2회 수록하였습니다.

CONTENTS

PART 01 실전 연습문제

01 교통 및 화물자동차 운수사업 관련 법규 ·········· 10
02 화물취급요령 ·········· 53
03 안전운행 ·········· 73
04 운송서비스 ·········· 99

PART 02 실전 모의고사

제1회 실전 모의고사 ·········· 122
제2회 실전 모의고사 ·········· 137
제1회 정답 및 해설 ·········· 153
제2회 정답 및 해설 ·········· 166

PART 01 실전 연습문제

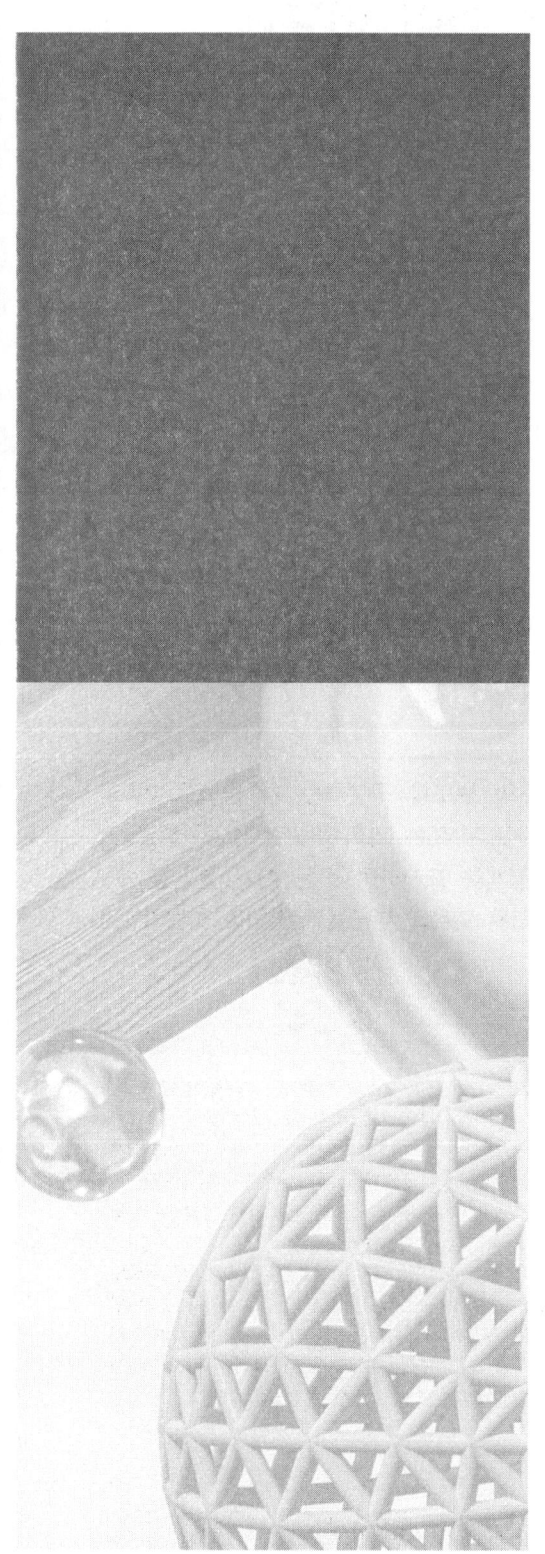

- **01** 교통 및 화물자동차 운수사업 관련 법규
- **02** 화물취급요령
- **03** 안전운행
- **04** 운송서비스

01 교통 및 화물자동차 운수사업 관련 법규

01 도로교통법령

1 도로에서 보행자의 보도와 차도가 구분되지 아니한 도로에서 보행자의 안전을 확보하기 위하여 안전표지 등으로 경계를 표시한 도로의 가장자리 부분을 무엇이라 하는가?

① 자동차전용도로
② 길가장자리구역
③ 안전지대
④ 고속도로

> **Advice** ① 자동차만 다닐 수 있도록 설치된 도로
> ③ 도로를 횡단하는 보행자나 통행하는 차마의 안전을 위하여 안전표지나 이와 비슷한 인공구조물로 표시한 도로의 부분
> ④ 자동차의 고속 운행에만 사용하기 위하여 지정된 도로

2 운전자가 5분을 초과하지 아니하고 차를 정지시키는 것을 의미하는 용어는?

① 주차   ② 정차
③ 운전   ④ 서행

> **Advice** ① 운전자가 승객을 기다리다가 화물을 싣거나 차가 고장 나거나 그 밖의 사유로 차를 계속 정지 상태에 두는 것 또는 운전자가 차에서 떠나서 즉시 그 차를 운전할 수 없는 상태에 두는 것
> ③ 도로(술에 취한 상태에서의 운전금지, 과로한 때 등의 운전금지, 사고발생 시의 조치 등은 도로 외의 곳을 포함)에서 차마 또는 노면전차를 그 본래의 사용 방법에 따라 사용하는 것(조종을 포함)
> ④ 운전자가 차 또는 노면전차를 즉시 정지시킬 수 있는 정도의 느린 속도로 진행하는 것

3 다음 중 차에 해당하지 않는 것은?

① 자전거
② 유모차
③ 건설기계
④ 자동차

> **Advice** 자동차, 건설기계, 원동기장치자전거, 자전거, 사람 또는 가축의 힘이나 그 밖의 동력으로 도로에서 운전되는 것을 차라 한다. 다만 철길이나 가설된 선을 이용하여 운전되는 것과 유모차와 행정안전부령으로 정하는 보행보조용 의자차는 제외한다.

4 연석선(차도와 보도를 구분하는 돌 등으로 이어진 선), 안전표지 또는 그와 비슷한 인공구조물을 이용하여 경계를 표시하여 모든 차가 통행할 수 있도록 설치된 도로의 부분을 무엇이라 하는가?

① 차로   ② 차도
③ 보도   ④ 도로

> **Advice** ① 차마가 한 줄로 도로의 정하여진 부분을 통행하도록 차선으로 구분한 차도의 부분을 말한다.
> ③ 연석선, 안전표지나 그와 비슷한 인공구조물로 경계를 표시하여 보행자(유모차와 행정자치부령으로 정하는 보행보조용 의자차를 포함)가 통행할 수 있도록 한 도로의 부분을 말한다.
> ④ 「도로법」에 따른 도로, 「유료도로법」에 따른 유료도로, 「농어촌도로 정비법」에 따른 농어촌도로, 그 밖에 현실적으로 불특정 다수의 사람 또는 차마가 통행할 수 있도록 공개된 장소로서 안전하고 원활한 교통을 확보할 필요가 있는 장소를 말한다.

정답 1.② 2.② 3.② 4.②

5 다음 중 도로법에 따른 도로의 종류가 아닌 것은?

① 일반국도　　② 지방도
③ 군도　　　　④ 농도

● Advice 　농도는 경작지 등과 연결되어 농어민의 생산 활동에 직접 공용되는 도로로 농어촌도로 정비법에 따른 농어촌도로에 해당한다.
※ **도로법에 따른 도로** … 일반의 교통에 공용되는 도로로서 고속국도, 일반국도, 특별시도·광역시도, 지방도, 시도, 군도, 구도로 그 노선이 지정 또는 인정된 도로를 말하는 바, 이러한 요건을 갖추지 못한 것은 도로법상 도로가 아니다.

6 다음 중 자동차에 해당하지 않는 것은?

① 승용차　　　② 원동기장치자전거
③ 화물자동차　④ 이륜자동차

● Advice 　자동차란 철길이나 가설된 선을 이용하지 아니하고 원동기를 사용하여 운전되는 차로 자동차관리법에 따른 승용·승합·화물·특수·이륜자동차(원동기장치자전거 제외) 및 건설기계관리법에 따른 건설기계를 말한다.

7 차량 신호등에 대한 설명으로 옳지 않은 것은?

① 녹색 등화일 경우 직진 또는 우회전을 할 수 있다.
② 적색 등화일 경우 정지선, 횡단보도 및 교차로의 직전에서 정지하여야 한다.
③ 황색 등화의 점멸일 경우 다른 교통에 주의하면서 진행할 수 있다.
④ 적색 등화의 점멸일 경우 비보호좌회전표지가 있는 곳에서는 좌회전할 수 있다.

● Advice 　비보호좌회전표지 또는 비보호좌회전표시가 있는 곳에서는 녹색의 등화시 좌회전할 수 있다.
적색 등화의 점멸일 경우 차마는 정지선이나 횡단보도가 있을 때에는 그 직전이나 교차로의 직전에 일시정지한 후 다른 교통에 주의하면서 진행할 수 있다.

8 녹색화살표가 하향으로 표시된 차량신호등이 등화된 경우 어떻게 하여야 하는가?

① 다른 교통에 주의하면서 진행할 수 있다.
② 화살표 방향으로 진행하려는 경우 정지선이 있을 때에는 그 직전에 정지하여야 한다.
③ 횡단보도가 있을 때에는 일시정지한 후 다른 교통에 주의하면서 화살표 방향으로 진행한다.
④ 화살표로 지정한 차로로 진행할 수 있다.

● Advice 　하향으로 표시된 녹색화살표의 등화 시 차마는 화살표로 지정한 차로로 진행할 수 있다.

9 보행신호등의 녹색 등화의 점멸시 보행자의 행동으로 가장 옳은 것은?

① 보행자는 횡단보도를 횡단할 수 있다.
② 횡단하고 있던 보행자는 천천히 횡단을 하여야 한다.
③ 보행자는 빠르게 횡단을 시작하여야 한다.
④ 횡단하고 있던 보행자는 횡단을 중지하고 보도로 되돌아와야 한다.

● Advice 　보행신호등의 녹색 등화의 점멸 시 보행자는 횡단을 시작하여서는 아니 되고, 횡단하고 있는 보행자는 신속하게 횡단을 완료하거나 그 횡단을 중지하고 보도로 되돌아와야 한다.

정답 5.④ 6.② 7.④ 8.④ 9.④

10 차량신호등의 적색 ×표 표시의 등화 시 차마의 통행방법으로 적절한 것은?

① 차마는 지정한 차로로 진행할 수 있다.
② 차마는 ×표가 있는 차로로 진행할 수 없다.
③ 차마는 ×표가 있는 차로로 진행할 수 있다.
④ 차마는 신속하게 그 차로 밖으로 진로를 변경하여야 한다.

● Advice 적색 ×표 표시의 등화 시 차마는 ×표가 있는 차로로 진행할 수 없다.

11 다음의 표지판이 나타내는 표시로 옳은 것은?

① 자동차전용도로
② 상습정체구간
③ 다인승차량전용차로
④ 자동차일방통행

● Advice 문제의 표지는 상습정체구간을 나타내는 주의표지이다.

12 다음 표지의 연결이 잘못된 것은?

①
자동차통행금지

②
화물자동차통행금지

③
승합자동차통행금지

④
자전거통행금지

● Advice ④ 표지는 이륜자동차 및 원동기장치자전거통행금지를 나타내는 규제표시에 해당한다.

13 다음의 표지가 나타내는 것은 무엇인가?

① 보행자우선도로
② 횡단보도
③ 보행자전용도로
④ 어린이보호

● Advice 문제의 표지는 어린이보호를 나타내는 주의표지이다.

정답 ▶ 10.② 11.② 12.④ 13.④

14 다음 안전표지의 설명이 잘못된 것은?

①  → 노면이 고르지 못함

②  → 미끄러운 도로

③  → 과속방지턱

④  → 추락주의

● Advice

 이 표지는 강변도로를 나타내는 주의표지이다.

15 다음 중 최저속도제한을 나타내는 규제표지에 해당하는 것은?

①

②

③

④

● Advice ① 최고속도제한
② 차간거리확보
③ 차높이제한

정답 ▶ 14.④ 15.④

16 다음 중 교량을 나타내는 주의표지는?

● Advice ① 터널
③ 횡풍
④ T자형교차로

17 다음의 표지가 나타내는 것은 무엇인가?

① 기상상태
② 일자
③ 노면상태
④ 교통규제

● Advice 문제의 표지는 노면상태를 나타내는 보조표지이다.

18 도로에 다음과 같은 노면표시가 되어 있다면 이는 무엇을 나타내는 것인가?

① 자전거횡단도
② 자전거전용도로
③ 자전거우선도로
④ 자전거통행금지

● Advice 문제의 표시는 자전거우선도로를 나타내는 노면표시이다.

19 다음에서 표시하는 지시표지의 내용은 무엇인가?

① 직진 및 좌회전
② 좌회전 및 유턴
③ 좌우회전
④ 우회로

● Advice 문제의 표지는 좌회전 및 유턴을 나타내는 지시표지이다.

정답 16.② 17.③ 18.③ 19.②

20 다음 중 회전교차로양보선을 나타내는 노면표시는?

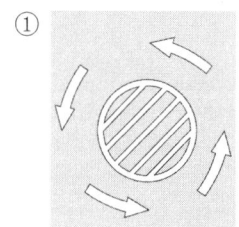
①

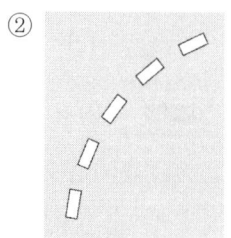
②

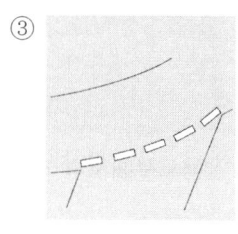
③

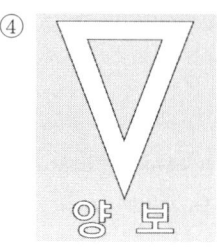
④

● Advice ① 유도
② 유도선
④ 양보

21 고속도로 외의 도로에서 왼쪽 차로로 통행할 수 있는 차량은?

① 승용자동차
② 이륜자동차
③ 대형승합자동차
④ 화물자동차

● Advice 고속도로 외의 도로에서 왼쪽 차로로 통행할 수 있는 차량은 승용자동차 및 경형·소형·중형 승합자동차이다.

22 차마의 운전자는 일반적으로 도로의 중앙 우측부분을 통행하여야 한다. 그러나 도로의 중앙이나 좌측 부분을 통행할 수 있는 특수한 경우가 있다. 다음 중 특수한 경우가 아닌 것은?

① 도로가 양방통행인 경우
② 도로의 파손, 도로공사나 그 밖의 장애 등으로 도로의 우측 부분을 통행할 수 없는 경우
③ 도로 우측 부분의 폭이 차마의 통행에 충분하지 아니한 경우
④ 도로 우측 부분의 폭이 6미터가 되지 아니하는 도로에서 다른 차를 앞지르려는 경우

● Advice 차마의 운전자는 다음의 어느 하나에 해당하는 경우에는 도로의 중앙이나 좌측 부분을 통행할 수 있다.
㉠ 도로가 일방통행인 경우
㉡ 도로의 파손, 도로공사나 그 밖의 장애 등으로 도로의 우측부분을 통행할 수 없는 경우
㉢ 도로 우측 부분의 폭이 6미터가 되지 아니하는 도로에서 다른 차를 앞지르려는 경우. 다만, 도로의 좌측 부분을 확인할 수 없는 경우, 반대 방향의 교통을 방해할 우려가 있는 경우, 안전표지 등으로 앞지르기를 금지하거나 제한하고 있는 경우에는 통행할 수 있다.
㉣ 도로 우측 부분의 폭이 차마의 통행에 충분하지 아니한 경우
㉤ 가파른 비탈길의 구부러진 곳에서 교통의 위험을 방지하기 위하여 시·도경찰청장이 필요하다고 인정하여 구간 및 통행방법을 지정하고 있는 경우에 그 지정에 따라 통행하는 경우

정답 ▶ 20.③ 21.① 22.①

23 다음 중 제1종 보통 연습면허로 운전할 수 없는 차량은?

① 승용자동차
② 승차정원 15인승 이하의 승합자동차
③ 적재중량 12톤 미만의 화물자동차
④ 5톤 미만의 지게차

> ● Advice 보통면허로 운전할 수 있는 차량
> ㉠ 제1종 보통면허 : 승용자동차, 승차정원 15인승 이하의 승합자동차, 적재중량 12톤 미만의 화물자동차, 건설기계(도로를 운행하는 3톤 미만의 지게차에 한정), 총 중량 10톤 미만의 특수자동차(구난차 등은 제외), 원동기장치자전거
> ㉡ 제2종 보통면허 : 승용자동차, 승차정원 10인 이하의 승합자동차, 적재중량 4톤 이하의 화물자동차, 총 중량 3.5톤 이하의 특수자동차(구난차 등은 제외), 원동기장치자전거

24 도로교통법령상 진로양보의무에 대한 내용으로 옳지 않은 것은?

① 긴급자동차를 제외한 모든 차의 운전자는 뒤에서 따라오는 차보다 느린 속도로 가려는 경우에는 도로의 우측 가장자리로 피하여 진로를 양보하여야 한다.
② 비탈진 좁은 도로에서 긴급자동차 외의 자동차가 서로 마주보고 진행할 때에는 올라가는 자동차가 도로의 우측 가장자리로 피하여 진로를 양보하여야 한다.
③ 비탈진 좁은 도로 외의 좁은 도로에서 사람을 태웠거나 물건을 실은 자동차와 동승자가 없고 물건을 싣지 아니한 자동차가 서로 마주보고 진행하는 경우에는 동승자가 있고 물건을 실은 자동차가 도로의 우측 가장자리로 피하여 진로를 양보하여야 한다.
④ 통행 구분이 설치된 도로의 경우에는 도로의 우측 가장자리로 피하여 진로를 양보하지 않아도 된다.

> ● Advice 비탈진 좁은 도로 외의 좁은 도로에서 사람을 태웠거나 물건을 실은 자동차와 동승자가 없고 물건을 싣지 아니한 자동차가 서로 마주보고 진행하는 경우에는 동승자가 없고 물건을 싣지 아니한 자동차가 도로의 우측 가장자리로 피하여 진로를 양보하여야 한다.

25 도로교통법령상 자동차 전용도로에서의 최고속도는 얼마인가?

① 매시 80km 이내
② 매시 60km 이내
③ 매시 100km
④ 매시 90km

> ● Advice 자동차 전용도로에서의 최고속도는 매시 90km이고 최저속도는 매시 30km이다.

26 비가 내려 노면이 젖어있는 경우 운행은 어떻게 하여야 하는가?

① 최고속도의 10/100을 줄인 속도로 운행한다.
② 최고속도의 20/100을 줄인 속도로 운행한다.
③ 최고속도의 50/100을 줄인 속도로 운행한다.
④ 최고속도의 70/100을 줄인 속도로 운행한다.

> ● Advice 비가 내려 노면이 젖어있는 경우와 눈이 20mm 미만으로 쌓인 경우 최고속도의 20/100을 줄인 속도로 운행하여야 한다.

정답 23.④ 24.③ 25.④ 26.②

27 다음 중 도로교통법령상 서행하여야 하는 장소가 아닌 것은?

① 교통정리를 하고 있는 교차로
② 도로가 구부러진 부근
③ 비탈길의 고갯마루 부근
④ 가파른 비탈길의 내리막

> **Advice** 서행하여야 하는 장소
> ㉠ 교통정리를 하고 있지 아니하는 교차로
> ㉡ 도로가 구부러진 부근
> ㉢ 비탈길의 고갯마루 부근
> ㉣ 가파른 비탈길의 내리막
> ㉤ 시·도경찰청장이 안전표지로 지정한 곳

28 다음 중 자동차의 운행을 일시 정지하여야 하는 경우가 아닌 것은?

① 철길 건널목을 통과하려는 경우
② 교차로나 그 부근에서 긴급자동차가 접근하는 경우
③ 차량신호등이 녹색등화인 경우
④ 앞을 보지 못하는 사람이 흰색 지팡이를 가지거나 장애인보조견을 동반하고 도로를 횡단하고 있는 경우

> **Advice** 차량신호등이 적색등화의 점멸인 경우 정지선이나 횡단보도가 있을 때에는 그 직전이나 교차로의 직전에 일시 정지하여야 한다.

29 교통정리를 하지 않고 있는 교차로에 진입하려는 경우 안전한 운전방법으로 옳지 않은 것은?

① 이미 교차로에 다른 차량이 있을 때에는 그 차에 진로를 양보하여야 한다.
② 도로의 폭이 좁은 도로에서 진입하려고 하는 경우에는 도로의 폭이 넓은 도로로부터 진입하는 차에 진로를 양보하여야 한다.
③ 동시에 진입하려고 하는 경우에는 좌측도로에서 진입하는 차에 진로를 양보하여야 한다.
④ 좌회전하려고 하는 경우에는 직진하거나 우회전하려는 차에 진로를 양보하여야 한다.

> **Advice** 동시에 진입하려고 하는 경우에는 우측도로에서 진입하는 차에 진로를 양보하여야 한다.

30 다음 중 제1종 보통면허로 운전할 수 없는 차량은?

① 승용자동차
② 승차정원 15인 이하의 승합자동차
③ 덤프트럭
④ 원동기장치자전거

> **Advice** 제1종 보통면허로 운전할 수 있는 차량 … 승용자동차, 승차정원 15인 이하의 승합자동차, 적재중량 12톤 미만의 화물자동차, 건설기계(도로를 운행하는 3톤 미만의 지게차에 한정), 총 중량 10톤 미만의 특수자동차(구난차 등은 제외), 원동기장치자전거

정답 27.① 28.③ 29.③ 30.③

31 다음 중 제1종 대형면허로 운전할 수 있는 건설기계가 아닌 것은?

① 아스팔트살포기
② 콘크리트믹서트레일러
③ 3톤 이상의 지게차
④ 도로보수트럭

> **Advice** 제1종 대형면허로 운전할 수 있는 건설기계의 종류 … 덤프트럭, 아스팔트살포기, 노상안정기, 콘크리트믹서트럭, 콘크리트펌프, 천공기, 콘크리트믹서트레일러, 아스팔트콘크리트재생기, 도로보수트럭, 3톤 미만의 지게차, 트럭지게차

32 다음 중 제2종 보통면허로 운전할 수 있는 차량은?

① 트레일러
② 3톤 미만 지게차
③ 승차정원 15인승 승합자동차
④ 적재중량 2.5톤 화물자동차

> **Advice** 제2종 보통면허로 운전할 수 있는 **차량** … 승용자동차, 승차정원 10인 이하의 승합자동차, 적재중량 4톤 이하의 화물자동차, 총 중량 3.5톤 이하의 특수자동차(구난차 등은 제외), 원동기장치자전거

33 위험물 등을 운반하는 적재중량 3톤 초과 또는 적재용량 3천리터 초과의 화물자동차를 운전할 수 있는 면허는?

① 제1종 보통면허
② 제1종 대형면허
③ 제2종 보통면허
④ 제2종 소형면허

> **Advice** 도로교통법령상 위험물 등을 운반하는 적재중량 3톤 이하 또는 적재용량 3천리터 이하의 화물자동차는 제1종 보통면허가 있어야 운전할 수 있고, 적재중량 3톤 초과 또는 적재용량 3천리터 초과의 화물자동차는 제1종 대형면허가 있어야 운전할 수 있다.

34 다음 중 운전면허취득의 응시기간의 제한이 가장 긴 것은?

① 음주운전으로 2회 이상 교통사고를 일으킨 경우
② 다른 사람이 부정하게 운전면허를 받도록 하기 위하여 운전면허시험에 대신 응시한 경우
③ 경찰공무원의 음주측정을 2회 이상 위반하여 운전면허가 취소된 경우
④ 다른 사람의 자동차 등을 훔치거나 빼앗은 경우

> **Advice** ① 운전면허가 취소된 날부터 3년
> ②③④ 운전면허가 취소된 날부터 2년

정답 31.③ 32.④ 33.② 34.①

35 다음 중 운전면허가 취소된 날부터 2년 동안 운전면허시험에 응시할 수 없는 경우가 아닌 것은?

① 음주운전 금지 규정을 2회 이상 위반하여 운전면허가 취소된 경우
② 경찰공무원의 음주운전 여부측정을 2회 이상 위반하여 운전면허가 취소된 경우
③ 음주운전 금지 규정을 위반하여 술에 취한 상태로 운전을 하다가 2회 이상 교통사고를 일으킨 경우
④ 다른 사람이 부정하게 운전면허를 받도록 하기 위하여 운전면허시험에 대신 응시한 경우

● Advice ③ 운전면허가 취소된 날부터 3년이다.
  ※ 운전면허가 취소된 날부터 2년 동안 응시기간이 제한되는 경우
    ㉠ 음주운전 금지 규정을 2회 이상 위반하여 운전면허가 취소된 경우
    ㉡ 경찰공무원의 음주운전 여부측정을 2회 이상 위반하여 운전면허가 취소된 경우
    ㉢ 공동 위험행위의 금지를 2회 이상 위반하여 운전면허가 취소된 경우
    ㉣ 운전면허를 받을 자격이 없는 사람이 운전면허를 받거나, 거짓이나 그 밖의 부정한 수단으로 운전면허를 받은 경우 또는 운전면허효력의 정지기간 중 운전면허증 또는 운전면허증을 갈음하는 증명서를 발급받은 사실이 드러난 경우
    ㉤ 다른 사람의 자동차 등을 훔치거나 빼앗은 경우
    ㉥ 다른 사람이 부정하게 운전면허를 받도록 하기 위하여 운전면허시험에 대신 응시한 경우
    ㉦ 음주운전 또는 경찰공무원의 음주측정을 위반(무면허운전 금지 등 위반 포함)하여 교통사고를 일으킨 경우

36 다음 중 교통법규 위반시 벌점이 가장 큰 것은?

① 60km/h 초과 속도위반
② 혈중 알코올농도 0.07%의 음주운전
③ 운전 중 휴대폰 사용
④ 지정차로 통행위반

● Advice ① 60점
② 100점
③ 15점
④ 10점

37 다음 설명 중 옳지 않은 것은?

① 교통사고 발생 원인이 불가항력이거나 피해자의 명백한 과실인 때에는 행정처분을 하지 아니한다.
② 자동차 등 대 사람의 교통사고의 경우 쌍방과실인 때에는 그 벌점을 5분의 1로 감경한다.
③ 자동차 등 대 자동차 등의 교통사고의 경우에는 그 사고원인 중 중한 위반행위를 한 운전자만 적용한다.
④ 교통사고로 인한 벌점산정에 있어 처분 받을 운전자 본인의 피해에 대하여는 벌점을 산정하지 아니한다.

● Advice 자동차 등 대 사람의 교통사고의 경우 쌍방과실인 때에는 그 벌점을 2분의 1로 감경한다.

38 다음 중 1톤 화물자동차가 주차금지위반을 한 경우 범칙금은 얼마인가?

① 12만 원   ② 9만 원
③ 6만 원   ④ 4만 원

● Advice 1톤 화물자동차의 경우 정차·주차방법위반, 주차금지위반, 통행금지·제한위반, 전용차로 통행위반, 안전거리 미확보 등의 위반행위를 한 경우에는 4만 원의 범칙금이 부과된다.
※ 승용자동차등 : 4톤 이하 화물자동차

정답 35.③ 36.② 37.② 38.④

39 5톤 화물자동차가 제한속도 100km 고속도로를 아무도 없는 새벽 2시에 150km/h로 달리다가 과속카메라에 찍히고 말았다. 이 화물자동차의 범칙금액은 얼마인가?

① 13만 원
② 12만 원
③ 10만 원
④ 9만 원

● Advice 4톤 초과 화물자동차의 경우 40km/h 초과 60km/h 이하의 속도위반을 한 경우 10만 원의 범칙금이 부과된다.
※ 승합자동차등 : 4톤 초과 화물자동차

40 어린이보호구역을 1톤 화물자동차가 90km/h의 속도로 지나갈 경우 화물자동차의 고용주 등에 대한 과태료는 얼마인가?

① 16만 원 ② 13만 원
③ 10만 원 ④ 7만 원

● Advice 어린이보호구역 및 노인 · 장애인보호구역(제한속도 30km 이내)에서의 속도위반별 과태료(승용자동차 등)
  ㉠ 60km/h 초과 → 16만 원
  ㉡ 40km/h 초과 60km/h 이하 → 13만 원
  ㉢ 20km/h 초과 40km/h 이하 → 10만 원
  ㉣ 20km/h 이하 → 7만 원

02 교통사고처리특례법

1 교통사고처리특례법의 목적으로 옳은 것은?

① 사소한 과실로 인한 교통사고의 신속한 처리를 위한 법이다.
② 고의로 교통사고를 일으킨 운전자의 신속한 처벌을 목적으로 한다.
③ 교통사고로 인한 피해의 신속한 회복과 국민생활의 편익을 증진함을 목적으로 한다.
④ 교통사고를 일으킨 가해자의 신속한 회복을 위한 법이다.

● Advice 교통사고처리특례법은 업무상과실(業務上過失) 또는 중대한 과실로 교통사고를 일으킨 운전자에 관한 형사처벌 등의 특례를 정함으로써 교통사고로 인한 피해의 신속한 회복을 촉진하고 국민생활의 편익을 증진함을 목적으로 한다〈교통사고처리특례법 제1조〉.

2 다음 중 교통사고의 도주사고로 볼 수 있는 사례는?

① 피해자가 부상 사실이 없거나 극히 경미하여 구호조치가 필요치 않는 경우
② 사상 사실을 인식하고도 가버린 경우
③ 가해자 및 피해자 일행 또는 경찰관이 환자를 후송 조치하는 것을 보고 연락처를 주고 가버린 경우
④ 교통사고 가해운전자가 심한 부상을 입어 타인에게 의뢰하여 피해자를 후송 조치한 경우

● Advice 도주사고 적용사례
  ㉠ 사상 사실을 인식하고도 가버린 경우
  ㉡ 피해자를 방치한 채 사고현장을 이탈 도주한 경우
  ㉢ 사고현장에 있었어도 사고사실을 은폐하기 위해 거짓 진술 · 신고한 경우
  ㉣ 부상피해자에 대한 적극적인 구호조치 없이 가버린 경우
  ㉤ 피해자가 이미 사망했다고 하더라도 사체 안치 후송 등 조치 없이 가버린 경우

정답 39.③ 40.② / 1.③ 2.②

ⓑ 피해자를 병원까지만 후송하고 계속 치료 받을 수 있는 조치 없이 도주한 경우
ⓢ 운전자를 바꿔치기 하여 신고한 경우

3 다음 중 신호위반으로 보기 어려운 것은?

① 사전출발
② 주의신호 시 무리한 진입
③ 신호 무시하고 진행
④ 진행신호 시 무리한 진입

● Advice 신호위반의 종류
  ㉠ 사전출발 신호위반
  ㉡ 주의(황색)신호에 무리한 진입
  ㉢ 신호 무시하고 진행한 경우

4 다음 중 뺑소니 운전자에 대한 가중처벌 내용으로 옳지 않은 것은?

① 피해자를 사망에 이르게 하고 도주하거나, 도주 후에 피해자가 사망한 경우에는 무기 또는 5년 이상의 징역에 처한다.
② 피해자를 상해에 이르게 하고 도주한 경우에는 3년 이상의 유기징역 또는 5천만 원 이하의 벌금에 처한다.
③ 피해자를 사고 장소로부터 옮겨 유기하고 도주한 후 피해자가 사망한 경우에는 사형, 무기 또는 5년 이상의 징역에 처한다.
④ 피해자를 상해에 이르게 한 다음 사고 장소로부터 옮겨 유기하고 도주한 경우 3년 이상의 유기징역에 처한다.

● Advice 피해자를 상해에 이르게 하고 도주한 경우에는 1년 이상의 유기징역 또는 500만 원 이상 3천만 원 이하의 벌금에 처한다〈특정범죄 가중처벌 등에 관한 법률 제5조의3 제1항 제2호〉.

5 뺑소니 사고의 성립요건에 대한 내용이다. ( ) 안에 들어갈 말은?

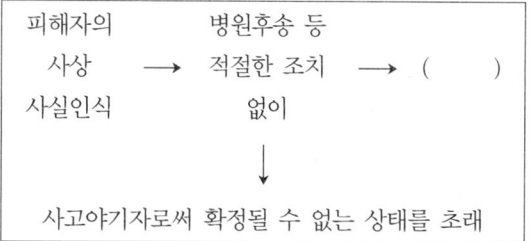

① 피해자를 방치한 채 현장을 이탈한 경우 등
② 피해자를 구호한 후 현장을 이탈한 경우 등
③ 피해자를 다른 장소로 유기한 후 신고한 경우 등
④ 피해자를 구호하고 관할 경찰관서에 신고한 경우 등

● Advice 뺑소니 사고의 성립요건

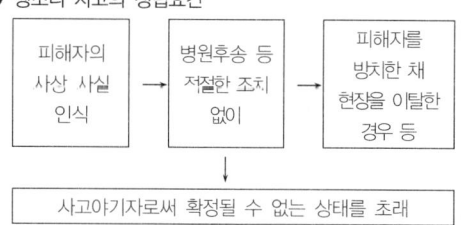

6 황색주의신호에 대한 설명으로 옳지 않은 것은?

① 선신호 및 후신호 시 진행차량 간 사고를 예방하기 위한 제도적 장치이다.
② 후신호 차량의 신호위반이 대부분 신호위반 사고를 차지한다.
③ 초당거리 역산으로 신호위반을 입증할 수 있다.
④ 황색주의신호는 기본 3초간 점멸된다.

● Advice 대부분 선신호 차량이 신호위반을 하며, 후신호 논스톱 사전진입 시는 예외이다.

정답 ▶ 3.④ 4.② 5.① 6.②

7 교통사고처리특례법상 중앙선침범 시 형사 입건 되는 사고가 아닌 것은?

① 오던 길로 되돌아 가기 위해 U턴하며 중앙선을 침범한 경우
② 빗길에 과속으로 운행하다가 미끄러지며 중앙선을 침범한 경우
③ 졸다가 뒤늦게 급제동하여 중앙선을 침범한 경우
④ 뒤차의 추돌로 앞차가 밀리면서 중앙선을 침범한 경우

● Advice 중앙선침범이 적용되지 않는 사례
㉠ 뒤차의 추돌로 앞차가 밀리면서 중앙선을 침범한 경우
㉡ 횡단보도에서의 추돌사고
㉢ 내리막길 주행 중 브레이크 파열 등 정비 불량으로 중앙선을 침범한 사고
㉣ 앞차의 정지를 보고 추돌을 피하려다 중앙선을 침범한 사고
㉤ 보행자를 피양하다 중앙선을 침범한 사고
㉥ 빙판길에 미끄러지면서 중앙선을 침범한 사고

8 교통사고처리특례법상 과속이 성립되는 경우에 해당하는 것은?

① 법정속도와 지정속도를 20km/h 초과한 경우
② 법정속도와 지정속도를 10km/h 초과한 경우
③ 법정속도와 지정속도를 5km/h 초과한 경우
④ 법정속도와 지정속도를 초과한 경우

● Advice 과속이란 도로교통법령상 규정된 법정속도와 지정속도를 초과한 경우이며 교통사고처리특례법상 법정속도와 지정속도를 20km/h 초과한 경우를 말한다.

9 속도위반으로 걸린 자동차의 속도를 추정하는 방법으로 옳지 않은 것은?

① 운전자 진술
② 스피드건
③ 운행기록계
④ 주유내역

● Advice 경찰에서 사용 중인 속도추정방법
㉠ 운전자의 진술
㉡ 스피드건
㉢ 타코그래프(운행기록계)
㉣ 제동흔적 등

10 다음 중 앞지르기 금지장소가 아닌 곳은?

① 교차로
② 터널 앞
③ 다리 위
④ 도로의 구부러진 곳

● Advice 앞지르기 금지장소
㉠ 교차로
㉡ 터널 안
㉢ 다리 위
㉣ 도로의 구부러진 곳
㉤ 비탈길의 고갯마루 부근
㉥ 가파른 비탈길의 내리막

정답 7.④ 8.① 9.④ 10.②

11 다음 중 앞지르기 금지 위반 행위에 해당하지 않는 것은?

① 병진 시 앞지르기
② 앞차의 좌회전 시 앞지르기
③ 터널 안에서 앞지르기
④ 앞차 좌측으로 앞지르기

● Advice 앞지르기 금지 위반 행위
　㉠ 병진 시 앞지르기
　㉡ 앞차의 좌회전 시 앞지르기
　㉢ 위험방지를 위한 정지·서행 시 앞지르기
　㉣ 앞지르기 금지 장소에서의 앞지르기
　㉤ 실선의 중앙선 침범 앞지르기·앞지르기 방법 위반 행위
　　• 우측 앞지르기
　　• 2개 차로 사이로 앞지르기

12 다음 중 철길 건널목 통과방법을 위반한 과실이 아닌 것은?

① 철길 건널목 직전 일시정지 불이행
② 안전미확인 통행 중 사고
③ 고장 시 승객대피 조치 불이행
④ 신호에 따른 일시정지 불이행

● Advice 철길 건널목 통과방법 위반 과실
　㉠ 철길 건널목 직전 일시정지 불이행
　㉡ 안전미확인 통행 중 사고
　㉢ 고장 시 승객대피, 차량이동 조치 불이행

13 다음 중 보행자로 보지 않는 경우는?

① 자전거를 끌고 횡단보도를 보행하였다.
② 오토바이를 끌고 횡단보도를 보행하였다.
③ 자전거를 타고 횡단보도를 통행하다 사고가 발생하였다.
④ 자전거를 타고가다 멈추고 한 발을 페달에 한 발을 노면에 딛고 서 있던 중 사고가 발생하였다.

● Advice 자전거, 오토바이 등 이륜차를 타고 횡단보도를 통행하다 사고가 발생하면 이륜차를 보행자로 간주하지 않고 제차로 간주하여 처리한다.

14 다음 중 보행자 보호의무 위반 사고로 볼 수 없는 것은?

① 횡단보도 전에 정지한 차량을 추돌, 앞차가 밀려나가 보행자를 충돌한 경우
② 횡단보도 앞에 나와 택시를 잡던 중 진입한 차량에 의해 충돌한 경우
③ 횡단보도에 진입하는 차량에 의해 보행자가 놀라거나 충돌을 회피하기 위해 도망가다 넘어져 그 보행자를 다치게 한 경우
④ 보행신호에 횡단보도에 진입하여 주의신호 또는 정지신호에 출발하다 마저 건너고 있던 보행자를 충돌한 경우

● Advice ② 보행의 경우가 아니므로 보행자 보호의무 위반 사고가 성립되지 않는다.

정답 11.④ 12.④ 13.③ 14.②

15 무면허 운전에 해당하지 않는 경우는?

① 면허를 취득하지 않고 운전하는 경우
② 면허정지 기간 중에 운전하는 경우
③ 시험합격 후 연습면허증 교부 후 운전하는 경우
④ 유효기간이 지난 운전면허증으로 운전하는 경우

> **Advice** 무면허 운전
> ㉠ 면허를 취득하지 않고 운전하는 경우
> ㉡ 유효기간이 지난 운전면허증으로 운전하는 경우
> ㉢ 면허 취소처분을 받은 자가 운전하는 경우
> ㉣ 면허정지 기간 중에 운전하는 경우
> ㉤ 시험합격 후 면허증 교부 전에 운전하는 경우
> ㉥ 면허종별의 차량을 운전하는 경우
> ㉦ 위험물을 운반하는 화물자동차가 적재중량 3톤을 초과함에도 제1종 보통운전면허로 운전한 경우
> ㉧ 건설기계를 제1종 보통운전면허로 운전한 경우
> ㉨ 면허 있는 자가 도로에서 무면허자에게 운전연습을 시키던 중 사고를 야기한 경우
> ㉩ 군인이 군면허만 취득 소지하고 일반차량을 운전한 경우
> ㉪ 임시운전증명서 유효기간 지나 운전 중 사고 야기한 경우
> ㉫ 외국인으로 국제운전면허를 받지 않고 운전한 경우
> ㉬ 외국인으로 입국하여 1년이 지난 국제운전면허증을 소지하고 운전하는 경우

16 다음 중 음주운전에 해당하지 않는 것은?

① 술을 마시고 주차장 또는 주차선 안에서 운전한 경우
② 도로교통법에서 정한 음주기준치 미만의 술을 마시고 운전한 경우
③ 술에 취한 상태에서 도로를 운전한 경우
④ 술을 마시고 공장 정문 안쪽 통행로에서 주차장으로 운전한 경우

> **Advice** 술을 마시고 운전을 하였다 하더라도 도로교통법에서 정한 음주 기준(혈중 알코올농도 0.03% 이상)에 해당하지 않으면 음주운전이 아니다.

17 승객추락 방지의무 위반 사고에 해당하지 않는 것은?

① 운전자가 출발하기 전 그 차의 문을 제대로 닫지 않아 탑승객이 추락한 경우
② 택시의 승객탑승 후 출입문을 닫기 전에 출발하여 승객이 지면으로 추락한 경우
③ 개문발차로 인한 승객의 낙상사고의 경우
④ 개문 당시 승객의 손이나 발이 끼어 사고가 난 경우

> **Advice** 승객추락 방지의무 위반이 아닌 경우
> ㉠ 개문 당시 승객의 손이나 발이 끼어 사고 난 경우
> ㉡ 택시의 경우 목적지에 도착하여 승객 자신이 출입문을 개폐 도중 사고가 발생한 경우

정답 15.③ 16.② 17.④

03 화물자동차 운수사업법

1 다음 중 화물자동차 운수사업법의 목적으로 보기 어려운 것은?

① 운수사업의 효율적 관리
② 운수사업의 복리 증진
③ 화물의 원활한 운송
④ 공공복리의 증진

● Advice 화물자동차 운수사업을 효율적으로 관리하고 건전하게 육성하여 화물의 원활한 운송을 도모함으로써 공공복리의 증진에 기여함을 목적으로 한다.

2 다음 중 화물자동차의 유형별 분류로 보기 어려운 것은?

① 일반형   ② 견인형
③ 밴형   ④ 특수용도형

● Advice 화물자동차의 유형별 기준
㉠ 일반형
㉡ 덤프형
㉢ 밴형
㉣ 특수용도형

3 화물자동차의 종류 중 물품적재장치의 바닥면적이 승차장치의 바닥면적보다 넓어야 하며, 승차정원이 3명 이하이어야 하는 조건을 모두 충족해야 하는 것은?

① 일반형   ② 견인형
③ 구난형   ④ 밴형

● Advice 밴형 화물자동차는 다음의 요건을 모두 충족하여야 한다.
㉠ 물품적재장치의 바닥면적이 승차장치의 바닥면적보다 넓을 것
㉡ 승차정원이 3명 이하일 것

4 다른 사람의 요구에 응하여 화물자동차를 사용하여 화물을 유상으로 운송하는 사업은?

① 화물자동차 운송주선사업
② 화물자동차 운송가맹사업
③ 화물자동차 운송사업
④ 화물자동차 운수사업

● Advice 화물자동차 운송사업 … 다른 사람의 요구에 응하여 화물자동차를 사용하여 화물을 유상으로 운송하는 사업을 말한다. 이 경우 화주가 화물자동차에 함께 탈 때의 화물은 중량, 용적, 형상 등이 여객자동차 운송사업용 자동차에 싣기 부적합한 것으로서 그 기준과 대상차량 등은 국토교통부령으로 정한다.

5 화물자동차 운수사업에 해당하지 않는 것은?

① 화물자동차 운송사업
② 화물자동차 운송주선사업
③ 화물자동차 운송경비사업
④ 화물자동차 운송가맹사업

● Advice 화물자동차 운수사업이란 화물자동차 운송사업, 화물자동차 운송주선사업 및 화물자동차 운송가맹사업을 말한다.

6 20대 이상의 범위에서 20대 이상의 화물자동차를 사용하여 화물을 운송하는 사업은?

① 일반화물자동차 운송사업
② 구난화물자동차 운송사업
③ 견인화물자동차 운송사업
④ 특수화물자동차 운송사업

● Advice ㉠ 일반화물자동차 운송사업: 20대 이상의 범위에서 20대 이상의 화물자동차를 사용하여 화물을 운송하는 사업
㉡ 개인화물자동차 운송사업: 화물자동차 1대를 사용하여 화물을 운송하는 사업으로서 대통령령으로 정하는 사업

정답 1.② 2.② 3.④ 4.③ 5.③ 6.①

7 다음 중 화물자동차 운송가맹점으로 볼 수 없는 자는?

① 운송가맹사업자의 화물정보망을 이용하여 운송 화물을 배정받아 화물을 운송하는 운송사업자
② 운송가맹사업자의 화물운송계약을 중개·대리하는 운송주선사업자
③ 운송가맹사업자의 화물정보망을 이용하여 운송 화물을 배정받아 화물을 운송하는 자로서 화물자동차 운송사업의 경영의 일부를 위탁받은 사람
④ 운송가맹사업자의 화물정보망을 이용하여 운송 화물을 배정받아 화물을 운송하는 자로서 화물자동차 운송가맹점으로 가입한 운송사업자에게 화물자동차 운송사업의 경영의 일부를 위탁받은 사람

● Advice 운송가맹사업자의 화물정보망을 이용하여 운송 화물을 배정받아 화물을 운송하는 자로서 화물자동차 운송사업의 경영의 일부를 위탁받은 사람. 다만, 경영의 일부를 위탁한 운송사업자가 화물자동차 운송가맹점으로 가입한 경우는 제외한다.

8 화물자동차 운송사업의 허가사항을 변경하려는 경우 누구에게 변경허가를 받아야 하는가?

① 대통령
② 행정안전부장관
③ 국토교통부장관
④ 운송주선사업자

● Advice 운송사업자가 허가사항을 변경하려면 국토교통부령으로 정하는 바에 따라 국토교통부장관의 변경허가를 받아야 한다. 다만, 대통령령으로 정하는 경미한 사항을 변경하려면 국토교통부령으로 정하는 바에 따라 국토교통부장관에게 신고하여야 한다.

9 화물자동차 운송사업의 허가사항 변경신고의 대상에 해당하지 않는 것은?

① 상호의 변경
② 임원의 변경
③ 화물취급소의 설치
④ 화물자동차의 대폐차

● Advice 화물자동차 운송사업의 허가사항 변경신고의 대상
㉠ 상호의 변경
㉡ 대표자의 변경(법인인 경우만 해당한다)
㉢ 화물취급소의 설치 및 폐지
㉣ 화물자동차의 대폐차
㉤ 주사무소·영업소 및 화물취급소의 이전. 다만, 주사무소의 경우 관할 관청의 행정구역 내에서의 이전만 해당한다.

10 다음의 ( )에 들어갈 내용으로 맞는 것은?

운송사업자가 운임과 요금을 정하여 신고한 경우 국토교통부장관은 신고 또는 변경신고를 받은 날부터 ( ) 이내에 신고수리 여부를 신고인에게 통지하여야 한다.

① 7일
② 10일
③ 14일
④ 30일

● Advice 국토교통부장관은 신고 또는 변경신고를 받은 날부터 14일 이내에 신고수리 여부를 신고인에게 통지하여야 한다(화물자동차 운수사업법 제5조 제3항).

정답 7.④ 8.③ 9.② 10.③

11 화물자동차 안전운임위원회가 화물자동차 안전운송원가를 심의·의결할 때 고려해야 할 사항이 아닌 것은?

① 인건비, 감가상각비 등 고정비용
② 유류비, 부품비 등 변동비용
③ 상하차 위탁료
④ 운송사업자의 운송서비스 방법

> ● Advice 안전운임위원회는 다음의 사항을 고려하여 화물자동차 안전운송원가를 심의·의결한다.
> ㉠ 인건비, 감가상각비 등 고정비용
> ㉡ 유류비, 부품비 등 변동비용
> ㉢ 그 밖에 상하차 대기료, 운송사업자의 운송서비스 수준 등 평균적인 영업조건을 고려하여 대통령령으로 정하는 사항

12 운송사업자가 신규로 화물자동차 운송사업의 운임 및 요금을 신고할 때에는 운임 및 요금신고서에 서류를 첨부하여 제출하여야 한다. 다음 중 첨부서류에 해당하지 않는 것은?

① 원가계산서
② 운임표
③ 요금표
④ 운임 및 요금의 신·구대비표

> ● Advice ④ 변경신고인 경우에만 해당하는 서류이다.

13 다음 중 화물자동차 안전운임에 대한 내용으로 옳지 않은 것은?

① 운수사업자는 화물차주에게 화물자동차 안전위탁운임 이상의 운임을 지급하여야 한다.
② 화주와 운수사업자·화물차주는 운임 지급과 관련하여 서로 부정한 금품을 주고받아서는 아니 된다.
③ 화물운송계약 중 화물자동차 안전운임에 미치지 못하는 금액을 운임으로 정하여도 상호 합의한 부분이라면 유효한 것으로 본다.
④ 화주는 운수사업자 또는 화물차주에게 화물자동차 안전운송운임 이상의 운임을 지급하여야 한다.

> ● Advice 화물자동차 안전운임의 효력
> ㉠ 화주는 운수사업자 또는 화물차주에게 화물자동차 안전운송운임 이상의 운임을 지급하여야 한다.
> ㉡ 운수사업자는 화물차주에게 화물자동차 안전위탁운임 이상의 운임을 지급하여야 한다.
> ㉢ 화물운송계약 중 화물자동차 안전운임에 미치지 못하는 금액을 운임으로 정한 부분은 무효로 하며, 해당 부분은 화물자동차 안전운임과 동일한 운임을 지급하기로 한 것으로 본다.
> ㉣ 화주와 운수사업자·화물차주는 ㉠에 따른 운임 지급과 관련하여 서로 부정한 금품을 주고받아서는 아니 된다.

정답 11.③ 12.④ 13.③

14 화물의 멸실·훼손 또는 인도의 지연으로 인도기한이 지난 화물은 얼마의 기한 이내에 인도되지 않으면 멸실된 것으로 보는가?

① 15일 이내
② 1개월 이내
③ 2개월 이내
④ 3개월 이내

● Advice 화물의 멸실·훼손 또는 인도의 지연으로 발생한 운송사업자의 손해배상 책임에 관하여는 「상법」 제135조를 준용하며, 화물이 인도기한이 지난 후 3개월 이내에 인도되지 아니하면 그 화물은 멸실된 것으로 본다.

15 다음 중 적재물배상보험에 가입하여야 하는 자가 아닌 자는?

① 최대 적재량이 5톤 이상이거나 총중량이 10톤 이상인 화물자동차 중 일반형 화물자동차와 견인형 특수자동차를 소유하고 있는 운송사업자
② 용달화물 운송주선사업자
③ 이사화물 운송주선사업자
④ 운송가맹사업자

● Advice 적재물배상보험에 가입하여야 하는 자
  ㉠ 최대 적재량이 5톤 이상이거나 총중량이 10톤 이상인 화물자동차 중 일반형·밴형·특수용도형 화물자동차와 견인형 특수자동차를 소유하고 있는 운송사업자
  ㉡ 이사화물 운송주선사업자
  ㉢ 운송가맹사업자

16 화물자동차 운수사업법상 책임보험계약의 전부 또는 일부를 해제하거나 해제할 수 있는 경우가 아닌 것은?

① 화물자동차 운송사업의 허가사항 중 감차 조치가 된 경우
② 화물자동차 운송사업을 휴업하거나 폐업한 경우
③ 화물자동차 운송주선사업의 허가가 취소된 경우
④ 화물자동차 운송가맹사업의 허가사항 중 감차 외의 사항이 변경된 경우

● Advice 보험 등 의무가입자 및 보험회사 등은 다음의 어느 하나에 해당하는 경우 외에는 책임보험계약 등의 전부 또는 일부를 해제하거나 해제하여서는 아니 된다.
  ㉠ 화물자동차 운송사업의 허가사항이 변경(감차만을 말한다)된 경우
  ㉡ 화물자동차 운송사업을 휴업하거나 폐업한 경우
  ㉢ 화물자동차 운송사업의 허가가 취소되거나 감차 조치 명령을 받은 경우
  ㉣ 화물자동차 운송주선사업의 허가가 취소된 경우
  ㉤ 화물자동차 운송가맹사업의 허가사항이 변경(감차만을 말한다)된 경우
  ㉥ 화물자동차 운송가맹사업의 허가가 취소되거나 감차 조치 명령을 받은 경우
  ㉦ 적재물배상보험 등에 이중으로 가입되어 하나의 책임보험계약 등을 해제하거나 해지하려는 경우
  ㉧ 보험회사 등이 파산 등의 이유로 영업을 계속할 수 없는 경우

정답 ◈ 14.④ 15.② 16.④

17 보험회사 등은 책임보험계약 등을 체결하고 있는 보험 등 의무가입자에게 그 계약종료일 며칠 전까지 그 계약이 끝난다는 사실을 알려야 하는가?

① 10일, 5일
② 15일, 5일
③ 20일, 10일
④ 30일, 10일

> **Advice** 보험회사 등은 책임보험계약 등을 체결하고 있는 보험 등 의무가입자에게 그 계약종료일 30일 전과 10일 전에 각각 그 계약이 끝난다는 사실을 알려야 한다.

18 국토교통부령으로 정하는 화물자동차 운전자의 연령 및 운전경력 등의 요건에 대한 내용으로 옳지 않은 것은?

① 화물자동차를 운전하기에 적합한 도로교통법에 따른 운전면허를 가지고 있어야 한다.
② 20세 이상이어야 한다.
③ 운전경력은 1년 이상이어야 한다.
④ 화물자동차 운수사업용 자동차를 운전한 경력이 있는 경우 그 운전경력이 1년 이상이면 된다.

> **Advice** 화물자동차 운전자의 운전경력은 2년 이상이어야 한다. 다만, 여객자동차 운수사업용 자동차 또는 화물자동차 운수사업용 자동차를 운전한 경력이 있는 경우에는 그 운전경력이 1년 이상이면 된다.

19 다음 중 화물운송 종사자격이 취소되는 경우가 아닌 것은?

① 거짓이나 그 밖의 부정한 방법으로 화물운송 종사자격을 취득한 경우
② 화물운송 종사자격증을 다른 사람에게 빌려준 경우
③ 화물운송 종사자격 정지기간 중에 화물자동차 운수사업의 운전 업무에 종사한 경우
④ 화물운송 중 고의나 과실로 교통사고를 일으켜 사람을 사망하게 하거나 다치게 한 경우

> **Advice** ①②③ 자격을 취소하는 경우
> ④ 6개월 이내의 기간을 정하여 자격의 효력을 정지하는 경우

20 화물자동차 운수사업법에 따른 화물자동차 운전자의 관리에 대한 설명으로 옳지 않은 것은?

① 운송사업자는 화물자동차 운전자를 채용하거나 채용된 화물자동차 운전자가 퇴직하였을 때에는 그 명단을 협회에 제출하여야 하며, 협회는 이를 종합하여 연합회에 보고하여야 한다.
② 운전자 명단에는 운전자의 성명·생년월일과 운전면허의 종류·취득일 및 화물운송 종사자격의 취득일을 분명히 밝혀야 한다.
③ 운송사업자는 폐업을 하게 되었을 때에는 화물자동차 운전자의 경력에 관한 기록 등 관련 서류를 협회에 이관하여야 한다.
④ 협회는 일반화물자동차 운송사업자의 화물자동차를 운전하는 사람에 대한 경력증명서 발급에 필요한 사항을 기록하여 관리하여야 한다.

> **Advice** 협회는 개인화물자동차 운송사업자의 화물자동차를 운전하는 사람에 대한 경력증명서 발급에 필요한 사항을 기록하여 관리하여야 한다.

정답 ▶ 17.④ 18.③ 19.④ 20.④

21 화물자동차 운수사업법령상 화물자동차 운송가맹사업 및 화물정보망에 관한 설명으로 옳지 않은 것은?

① 허가를 받은 운송가맹사업자는 중요한 허가사항을 변경하려면 국토교통부장관에 대하여 신고하여야 한다.
② 국토교통부장관은 운송가맹사업자 또는 운송가맹점이 요청하면 분쟁을 조정할 수 있다.
③ 국토교통부장관은 안전운행의 확보, 운송질서의 확립 및 화주의 편의를 도모하기 위하여 필요하다고 인정하면 운송가맹사업자에게 운송약관의 변경을 명할 수 있다.
④ 운송사업자가 다른 운송사업자나 다른 운송사업자에게 소속된 위·수탁차주에게 화물운송을 위탁하는 경우에는 운송가맹사업자의 화물정보망이나 인증 받은 화물정보망을 이용할 수 있다.

● Advice 허가를 받은 운송가맹사업자는 허가사항을 변경하려면 국토교통부령으로 정하는 바에 따라 국토교통부장관의 변경허가를 받아야 한다. 다만, 대통령령으로 정하는 경미한 사항을 변경하려면 국토교통부령으로 정하는 바에 따라 국토교통부장관에게 신고하여야 한다.

22 화물자동차 운송사업에서 화주가 화물자동차에 함께 탈 때의 화물은 중량, 용적, 형상 등이 여객자동차 운송사업용 자동차에 싣기 부적합한 것으로서 그 기준과 대상차량 등은 국토교통부령으로 정한다고 되어 있다. 다음 중 국토교통부령으로 정하는 화물의 기준으로 보기 어려운 것은?

① 화주 1명당 화물의 중량이 20킬로그램 이상일 것
② 화주 1명당 화물의 용적이 2만 세제곱센티미터 이상일 것
③ 화물이 기계·기구류 등 공산품일 것
④ 화물이 폭발성·인화성 또는 부식성 물품일 것

● Advice 화물의 기준
㉠ 화주 1명당 화물의 중량이 20킬로그램 이상일 것
㉡ 화주 1명당 화물의 용적이 4만 세제곱센티미터 이상일 것
㉢ 화물은 다음의 어느 하나에 해당하는 물품일 것
• 불결하거나 악취가 나는 농산물·수산물 또는 축산물
• 혐오감을 주는 동물 또는 식물
• 기계·기구류 등 공산품
• 합판·각목 등 건축기자재
• 폭발성·인화성 또는 부식성 물품

정답 ▶ 21.① 22.②

23 화물자동차 운송사업자가 밤샘주차를 할 경우 그 장소로 적합하지 않은 곳은?

① 다른 운송사업자의 차고지
② 화물자동차 휴게소
③ 화물터미널
④ 졸음쉼터

● Advice 밤샘주차(0시부터 4시까지 사이에 하는 1시간 이상의 주차를 말한다)하는 경우에는 다음의 어느 하나에 해당하는 시설 및 장소에서만 해야 한다.
㉠ 해당 운송사업자의 차고지
㉡ 다른 운송사업자의 차고지
㉢ 공영차고지
㉣ 화물자동차 휴게소
㉤ 화물터미널
㉥ 그 밖에 지방자치단체의 조례로 정하는 시설 또는 장소

24 다음 중 화물운송업 업무 처리의 주체가 다른 하나는?

① 화물자동차 운송사업의 허가
② 화물자동차 운송사업에 따른 운송약관의 신고 및 변경신고
③ 화물자동차 운송사업 허가사항에 대한 경미한 사항 변경신고
④ 화물자동차 운송사업에 대한 양도·양수 또는 합병의 신고

● Advice ③은 협회에서 처리하는 업무이다.
①②④는 시·도에서 처리하는 업무이다.

25 화물자동차 운송사업에 종사하는 운수종사자가 하여서는 아니되는 행위로 옳지 않은 것은?

① 일정한 장소에 오랜 시간 정차하여 화주를 호객하는 행위
② 택시 요금미터기의 장착 등 국토교통부령으로 정하는 택시 유사표시행위
③ 정당한 사유로 화물을 중도에서 내리게 하는 행위
④ 부당한 운임 또는 요금을 요구하거나 받는 행위

● Advice 화물자동차 운송사업에 종사하는 운수종사자는 다음의 어느 하나에 해당하는 행위를 하여서는 아니 된다.
㉠ 정당한 사유 없이 화물을 중도에서 내리게 하는 행위
㉡ 정당한 사유 없이 화물의 운송을 거부하는 행위
㉢ 부당한 운임 또는 요금을 요구하거나 받는 행위
㉣ 고장 및 사고차량 등 화물의 운송과 관련하여 자동차관리 사업자와 부정한 금품을 주고받는 행위
㉤ 일정한 장소에 오랜 시간 정차하여 화주를 호객하는 행위
㉥ 문을 완전히 닫지 아니한 상태에서 자동차를 출발시키거나 운행하는 행위
㉦ 택시 요금미터기의 장착 등 국토교통부령으로 정하는 택시 유사표시행위
㉧ 적재된 화물이 떨어지지 아니하도록 국토교통부령으로 정하는 기준 및 방법에 따라 덮개·포장·고정장치 등 필요한 조치를 하지 아니하고 화물자동차를 운행하는 행위
㉨ 「자동차관리법」제35조를 위반하여 전기·전자장치(최고속도제한장치에 한정한다)를 무단으로 해체하거나 조작하는 행위

정답 ▶ 23.④ 24.③ 25.③

26 화물자동차 운수사업법에 따라 부과·징수된 과징금의 용도로 볼 수 없는 것은?

① 화물터미널의 건설
② 공동차고지의 건설
③ 책임보험금 지급
④ 신고포상금 지급

● Advice 과징금의 용도
　㉠ 화물터미널의 건설 및 확충
　㉡ 공동차고지의 건설 및 확충
　㉢ 경영개선 및 화물에 대한 정보제공사업 등 화물자동차 운수사업의 발전을 위하여 필요한 사항
　　• 공영차고지의 설치·운영사업
　　• 특별시장·광역시장·도지사 또는 특별자치도지사가 설치·운영하는 운수종사자의 교육시설에 대한 비용의 보조사업
　　• 교육 훈련 사업
　㉣ 신고포상금의 지급

27 화물자동차를 10대 소유한 운송사업자가 화물운송종사자에게 화물을 운송하게 하였는데 해당 연도에 3건의 교통사고가 발생하였다면 교통사고지수는?

① 1
② 2
③ 3
④ 4

● Advice 교통사고지수 $= \dfrac{교통사고건수}{화물자동차의 대수} \times 10$
$= \dfrac{3}{10} \times 10 = 3$

28 다음 중 보조금 지급 정지 사유에 해당하지 않는 것은?

① 석유판매업자 또는 액화석유가스 충전사업자로부터 세금계산서를 거짓으로 발급받아 보조금을 지급받은 경우
② 소명서 및 증거자료의 제출요구에 따르고, 이에 따른 검사나 조사를 받은 경우
③ 화물자동차 운수사업이 아닌 다른 목적에 사용한 유류분에 대하여 보조금을 지급받은 경우
④ 다른 운송사업자등이 구입한 유류 사용량을 자기가 사용한 것으로 위장하여 보조금을 지급받은 경우

● Advice ② 소명서 및 증거자료의 제출요구에 따르지 아니하거나, 이에 따른 검사나 조사를 거부·기피 또는 방해한 경우

정답 26.③ 27.③ 28.②

29 다음 중 화물자동차 운송사업의 허가를 반드시 취소하는 경우가 아닌 것은?

① 정당한 사유 없이 업무개시 명령을 이행하지 아니한 경우
② 부정한 방법으로 화물자동차 운송사업 허가를 받은 경우
③ 결격사유 중 어느 하나에 해당하게 된 경우
④ 화물자동차 교통사고와 관련하여 거짓이나 그 밖의 부정한 방법으로 보험금을 청구하여 금고 이상의 형을 선고받고 그 형이 확정된 경우

● Advice 법 제14조 제1항에 따른 국토교통부장관의 업무개시 명령을 정당한 사유 없이 거부한 경우
    ㉠ 1차 : 자격 정지 30일
    ㉡ 2차 : 자격 취소

30 화물자동차 운송주선사업의 허가기준에 대한 설명으로 옳은 것은?

① 영업소의 수는 2개 이상이어야 한다.
② 상용인부는 3명 이상이어야 한다.
③ 자본금은 2억 원 이상이어야 한다.
④ 사무실은 영업에 필요한 면적을 확보하여야 한다.

● Advice 화물자동차 운송주선사업의 허가기준
    ㉠ 국토교통부장관이 화물의 운송주선 수요를 감안하여 고시하는 공급기준에 맞을 것
    ㉡ **사무실** : 영업에 필요한 면적. 다만, 관리사무소 등 부대시설이 설치된 민영 노외주차장을 소유하거나 그 사용계약을 체결한 경우에는 사무실을 확보한 것으로 본다.

31 화물자동차 운송가맹사업자의 허가사항 변경신고의 대상으로 보기 어려운 것은?

① 법인인 경우 대표자의 변경사항
② 화물취급소의 설치 및 폐지사항
③ 화물자동차 운송가맹계약의 체결 또는 해제·해지 사항
④ 주사무소의 설치 및 폐지사항

● Advice 운송가맹사업자의 허가사항 변경신고의 대상
    ㉠ 대표자의 변경(법인인 경우만 해당)
    ㉡ 화물취급소의 설치 및 폐지
    ㉢ 화물자동차의 대폐차(화물자동차를 직접 소유한 운송가맹사업자만 해당)
    ㉣ 주사무소·영업소 및 화물취급소의 이전
    ㉤ 화물자동차 운송가맹계약의 체결 또는 해제·해지

32 화물자동차 운송가맹사업의 허가기준에 대한 설명으로 옳지 않은 것은?

① 사무실 및 영업소로 영업에 필요한 면적을 확보해야 한다.
② 화물자동차를 100대 이상을 보유하여야 한다.
③ 그 밖의 운송시설로 화물정보망을 갖추어야 한다.
④ 운송사업자가 화물자동차 운송가맹사업 허가를 신청하는 경우 운송사업자의 지위에서 보유하고 있던 화물자동차 운송사업용 화물자동차는 화물자동차 운송가맹사업의 허가기준 대수로 겸용할 수 없다.

● Advice 화물자동차를 50대 이상(운송가맹점이 소유하는 화물자동차 대수를 포함하되, 8개 이상의 시·도에 각각 5대 이상 분포되어야 함)을 보유하여야 한다.

정답 29.① 30.④ 31.④ 32.②

33 화물자동차 운송주선사업자의 준수사항으로 옳지 않은 것은?

① 운송주선사업자는 자기의 명의로 운송계약을 체결한 화물에 대하여 그 계약금액 중 일부를 제외한 나머지 금액으로 다른 운송주선사업자와 재계약하여 이를 운송하도록 하여서는 아니 된다.
② 운송주선사업자가 운송가맹사업자에게 화물의 운송을 주선하는 행위는 재계약·중개 또는 대리로 본다.
③ 운송주선사업자는 운송사업자에게 화물의 종류·무게 및 부피 등을 거짓으로 통보하거나 기준을 위반하는 화물의 운송을 주선하여서는 아니 된다.
④ 운송주선사업자는 화주로부터 중개 또는 대리를 의뢰받은 화물에 대하여 다른 운송주선사업자에게 수수료나 그 밖의 대가를 받고 중개 또는 대리를 의뢰하여서는 아니 된다.

● Advice 운송주선사업자가 운송가맹사업자에게 화물의 운송을 주선하는 행위는 재계약·중개 또는 대리로 보지 아니한다.

34 안전운행의 확보, 운송질서의 확립 및 화주의 편의를 도모하기 위하여 국토교통부장관이 운송가맹사업자에게 명할 수 있는 개선명령으로 보기 어려운 것은?

① 운송약관의 변경
② 화물자동차의 구조변경
③ 화물자동차의 권리금의 반환
④ 적재물배상책임보험과 의무보험의 가입

● Advice 국토교통부장관은 안전운행의 확보, 운송질서의 확립 및 화주의 편의를 도모하기 위하여 필요하다고 인정하면 운송가맹사업자에게 다음의 사항을 명할 수 있다.
㉠ 운송약관의 변경
㉡ 화물자동차의 구조변경 및 운송시설의 개선
㉢ 화물의 안전운송을 위한 조치
㉣ 정보공개서의 제공의무 등, 가맹금의 반환, 가맹계약서의 기재사항 등, 가맹계약의 갱신 등의 통지
㉤ 적재물배상보험등과 「자동차손해배상 보장법」에 따라 운송가맹사업자가 의무적으로 가입하여야 하는 보험·공제의 가입
㉥ 그 밖에 화물자동차 운송가맹사업의 개선을 위하여 필요한 사항으로서 대통령령으로 정하는 사항

35 화물운송종사자격시험의 운전적성정밀검사에 대한 설명으로 옳지 않은 것은?

① 화물운송종사자격증을 취득하려는 사람은 신규검사를 실시하여야 한다.
② 여객자동차 운송사업용 자동차 또는 화물자동차 운송사업용 자동차의 운전업무에 종사하다가 퇴직한 사람으로서 신규검사 또는 유지검사를 받은 날부터 3년이 지난 후 재취업하려는 사람은 자격유지검사를 실시하여야 한다.
③ 과거 1년간 운전면허행정처분기준에 따라 산출된 누산점수가 81점인 사람은 자격유지검사를 실시하여야 한다.
④ 교통사고를 일으켜 사람을 사망하게 하거나 5주 이상의 치료가 필요한 상해를 입힌 사람은 특별검사를 실시하여야 한다.

정답 ▶ 33.② 34.③ 35.③

• Advice ③ 특별검사 대상에 해당한다.
※ 자격유지검사를 실시하여야 하는 사람
㉠ 여객자동차 운송사업용 자동차 또는 화물자동차 운송사업용 자동차의 운전업무에 종사하다가 퇴직한 사람으로서 신규검사 또는 유지검사를 받은 날부터 3년이 지난 후 재취업하려는 사람. 다만, 재취업일까지 무사고로 운전한 사람은 제외
㉡ 신규검사 또는 유지검사의 적합판정을 받은 사람으로서 해당 검사를 받은 날부터 3년 이내에 취업하지 아니한 사람

36 화물자동차 운수사업법령상 화물자동차 운송가맹사업에 관한 설명으로 옳지 않은 것은?

① 운송가맹사업자는 주사무소 외의 장소에서 상주하여 영업하려면 국토교통부령으로 정하는 바에 따라 국토교통부장관의 허가를 받아 영업소를 설치하여야 한다.
② 화물자동차 운송가맹사업자가 대통령령으로 정한 경미한 사항의 허가사항을 변경하려면 국토교통부장관에게 신고하여야 한다.
③ 화물자동차를 직접 소유한 운송가맹사업자의 화물자동차의 대폐차는 허가사항 변경신고 대상이다.
④ 화물자동차 운송가맹사업의 허가를 받기 위해서는 운송가맹점이 소유하는 화물자동차 대수를 포함하여 200대 이상이어야 한다.

• Advice 화물자동차 운송가맹사업의 허가를 받기 위해서는 운송가맹점이 소유하는 화물자동차 대수를 포함하여 50대 이상이어야 한다.

37 화물운송종사자격증명에 대한 설명으로 옳지 않은 것은?

① 운송사업자는 화물자동차 운전자에게 화물운송 종사자격증명을 운전석 앞 창의 왼쪽 아래에 항상 게시하고 운행하도록 하여야 한다.
② 운송사업자는 퇴직한 화물자동차 운전자의 명단을 제출하는 경우에는 협회에 화물운송 종사자격증명을 반납하여야 한다.
③ 운송사업자는 사업의 양도 신고를 하는 경우에는 관할관청에 화물운송 종사자격증명을 반납하여야 한다.
④ 관할관청은 화물운송 종사자격증명을 반납받았을 때에는 그 사실을 협회에 통지하여야 한다.

• Advice 운송사업자는 화물자동차 운전자에게 화물운송 종사자격증명을 운전석 앞 창의 오른쪽 위에 항상 게시하고 운행하도록 하여야 한다.

38 관할관청은 운수종사자 교육을 실시하려면 교육을 시행하기 며칠 전에 운수사업자에게 통지하여야 하는가?

① 15일　　　　② 20일
③ 1개월　　　　④ 2개월

• Advice 관할관청은 운수종사자 교육을 실시하려면 운수종사자 교육계획을 수립하여 운수사업자에게 교육을 시행하기 1개월 전까지 통지하여야 한다.

정답 36.④ 37.① 38.③

39 다음 중 과태료의 부과금액이 다른 하나는?

① 화물운송 종사자격증을 받지 아니하고 화물자동차 운수사업의 운전 업무에 종사한 자
② 보조금 또는 융자금을 보조받거나 융자받은 목적 외의 용도로 사용한 자
③ 임직원에 대한 징계·해임의 요구에 따르지 아니하거나 시정명령을 따르지 아니한 자
④ 화물운송서비스평가를 위한 자료제출 등의 요구 또는 실지조사를 거부하거나 거짓으로 자료제출 등을 한 자

● Advice ①②④ 500만 원 이하의 과태료를 부과한다.
③ 1천만 원 이하의 과태료를 부과한다.
※ 500만 원 이하의 과태료 대상
㉠ 허가사항 변경신고를 하지 아니한 자
㉡ 운임 및 요금에 관한 신고를 하지 아니한 자
㉢ 약관의 신고를 하지 아니한 자
㉣ 화물운송 종사자격증을 받지 아니하고 화물자동차 운수사업의 운전 업무에 종사한 자
㉤ 거짓이나 그 밖의 부정한 방법으로 화물운송 종사자격을 취득한 자
㉥ 자료를 제공하지 아니하거나 거짓으로 제공한 자
㉦ 준수사항을 위반한 운송사업자
㉧ 준수사항을 위반한 운수종사자
㉨ 개선명령을 이행하지 아니한 자
㉩ 양도·양수, 합병 또는 상속의 신고를 하지 아니한 자
㉪ 휴업·폐업신고를 하지 아니한 자
㉫ 자동차등록증 또는 자동차등록번호판을 반납하지 아니한 자
㉬ 준수사항을 위반한 운송주선사업자
㉭ 운송주선사업자의 준수사항을 위반한 국제물류주선업자
㉮ 개선명령을 이행하지 아니한 자
㉯ 적재물배상보험등에 가입하지 아니한 자
㉰ 책임보험계약등의 체결을 거부한 보험회사등
㉱ 책임보험계약등을 해제하거나 해지한 보험등 의무가입자 또는 보험회사등
㉲ 서명날인한 계약서를 위·수탁차주에게 교부하지 아니한 운송사업자
㉳ 위·수탁계약의 체결을 명목으로 부당한 금전지급을 요구한 운송사업자
㉴ 보조금 또는 융자금을 보조받거나 융자받은 목적 외의 용도로 사용한 자
㉵ 화물운송서비스평가를 위한 자료제출 등의 요구 또는 실지조사를 거부하거나 거짓으로 자료제출 등을 한 자
㉶ 조치명령을 이행하지 아니하거나 조사 또는 검사를 거부·방해 또는 기피한 자
㉷ 자가용 화물자동차의 사용을 신고하지 아니한 자
㉸ 자가용 화물자동차의 사용 제한 또는 금지에 관한 명령을 위반한 자
㉹ 운송종사자의 교육을 받지 아니한 자
㉺ 보고를 하지 아니하거나 거짓으로 보고한 자
㉻ 서류를 제출하지 아니하거나 거짓 서류를 제출한 자
ⓐ 검사를 거부·방해 또는 기피한 자
ⓑ 화물자동차 안전운송원가의 산정을 위한 자료 제출 또는 의견 진술의 요구를 거부하거나 거짓으로 자료 제출 또는 의견을 진술한 자

정답 ▶ 39.③

40 화물자동차 운수사업자는 화물자동차 운수사업의 건전한 발전과 운수사업자의 공동이익을 도모하기 위하여 국토교통부장관의 인가를 받아 화물자동차 운수사업의 종류별 또는 특별시·광역시·특별자치시·도·특별자치도별로 협회를 설립할 수 있다. 다음 중 협회의 사업에 대한 설명으로 옳지 않은 것은?

① 화물자동차 운수사업의 건전한 발전과 운수사업자의 공동이익을 도모하는 사업
② 화물자동차 운수사업의 진흥 및 발전에 필요한 통계의 작성 및 관리, 외국 자료의 수집·조사 및 연구사업
③ 대표자와 경영자의 교육훈련
④ 화물자동차 운수사업의 경영개선을 위한 지도

● Advice   협회의 사업
　　㉠ 화물자동차 운수사업의 건전한 발전과 운수사업자의 공동이익을 도모하는 사업
　　㉡ 화물자동차 운수사업의 진흥 및 발전에 필요한 통계의 작성 및 관리, 외국 자료의 수집·조사 및 연구사업
　　㉢ 경영자와 운수종사자의 교육훈련
　　㉣ 화물자동차 운수사업의 경영개선을 위한 지도
　　㉤ 화물자동차 운수사업법에서 협회의 업무로 정한 사항
　　㉥ 국가나 지방자치단체로부터 위탁받은 업무
　　㉦ ㉠부터 ㉤까지의 사업에 따르는 업무

41 화물자동차 운수사업법령상 과징금을 부과하는 위반행위의 종류와 과징금의 금액에 대한 내용으로 옳지 않은 것은?

① 화주로부터 부당한 운임 및 요금의 환급을 요구받고 환급하지 않은 경우 – 일반 화물자동차운송사업자에게 60만 원이 부과된다.
② 화물자동차 운전자에게 차 안에 화물운송 종사자격증명을 게시하지 않고 운행하게 한 경우 – 일반 화물자동차운송사업자에게 10만 원이 부과된다.
③ 신고한 운송약관 또는 운송가맹약관을 준수하지 않은 경우 – 일반 화물자동차운송사업자에게 30만 원이 부과된다.
④ 최대적재량 1.5톤 이하의 화물자동차가 주차장, 차고지 또는 지방자치단체의 조례로 인정하는 시설 및 장소가 아닌 곳에서 밤샘주차한 경우 – 일반 화물자동차운송사업자에게 20만 원이 부과된다.

● Advice   신고한 운송약관 또는 운송가맹약관을 준수하지 않은 경우 – 일반 화물자동차운송사업자에게 60만 원이 부과된다.

정답 40.③ 41.③

04 자동차관리법령

1 다음 중 자동차관리법상 자동차에 해당되는 것은?

① 모터그레이더　② 피견인자동차
③ 동력이앙기　　④ 군용트럭

● Advice　자동차란 원동기에 의하여 육상에서 이동할 목적으로 제작한 용구 또는 이에 견인되어 육상을 이동할 목적으로 제작한 용구(피견인자동차)를 말한다.

2 다음 중 자동차관리사업으로 볼 수 없는 것은?

① 자동차매매업
② 자동차정비업
③ 자동차운행업
④ 자동차해체재활용업

● Advice　자동차관리사업이란 자동차매매업, 자동차정비업 및 자동차해체재활용사업을 말한다.

3 제작연도에 등록된 자동차의 차령기산일은 언제인가?

① 최초의 제작연월일
② 최초의 신규등록일
③ 제작연도의 말일
④ 등록연도의 말일

● Advice　자동차의 차령기산일
㉠ 제작연도에 등록된 자동차 : 최초의 신규등록일
㉡ 제작연도에 등록되지 아니한 자동차 : 제작연도의 말일

4 자동차관리법상 화물자동차의 화물적재공간의 바닥 면적은 최소 얼마 이상이어야 하는가?

① 1제곱미터 이상　② 2제곱미터 이상
③ 3제곱미터 이상　④ 4제곱미터 이상

● Advice　화물자동차의 범위
화물을 운송하기 적합하게 바닥 면적이 최소 2제곱미터 이상(소형·경형화물자동차로서 이동용 음식판매 용도인 경우에는 0.5제곱미터 이상, 그 밖에 초소형화물차 및 특수용도형의 경형화물자동차는 1제곱미터 이상을 말한다)인 화물적재공간을 갖춘 자동차로서 다음의 하나에 해당하는 자동차
• 승차공간과 화물적재공간이 분리되어 있는 자동차로서 화물적재공간의 윗부분이 개방된 구조의 자동차, 유류·가스 등을 운반하기 위한 적재함을 설치한 자동차 및 화물을 싣고 내리는 문을 갖춘 적재함이 설치된 자동차(구조·장치의 변경을 통하여 화물적재공간에 덮개가 설치된 자동차를 포함한다)
• 승차공간과 화물적재공간이 동일 차실내에 있으면서 화물의 이동을 방지하기 위해 칸막이벽을 설치한 자동차로서 화물적재공간의 바닥면적이 승차공간의 바닥면적(운전석이 있는 열의 바닥면적을 포함한다)보다 넓은 자동차
• 화물을 운송하는 기능을 갖추고 자체적하 기타 작업을 수행할 수 있는 설비를 함께 갖춘 자동차

5 자동차관리법상 자동차의 종류로 볼 수 없는 것은?

① 승용자동차
② 승합자동차
③ 군용자동차
④ 이륜자동차

● Advice　자동차의 종류
㉠ 승용자동차
㉡ 승합자동차
㉢ 화물자동차
㉣ 특수자동차
㉤ 이륜자동차

정답　1.② 2.③ 3.② 4.② 5.③

6 자동차관리법에 따른 자동차의 등록에 관한 내용으로 옳지 않은 것은?

① 자동차는 자동차등록원부에 등록한 후가 아니면 운행할 수 없다.
② 시·도지사는 자동차 신규등록 신청을 받으면 등록원부에 필요한 사항을 적고 자동차등록증을 발급하여야 한다.
③ 자동차제작·판매자등이 자동차를 판매한 경우에는 등록원부 작성에 필요한 자동차 제작증 정보를 전산정보처리조직에 즉시 전송하여야 하며 산 사람을 갈음하여 지체 없이 신규등록을 신청하여야 한다.
④ 자동차제작·판매자 등은 반품으로 말소 등록된 자동차를 판매하는 경우에는 해당 자동차가 반품된 자동차라는 사실을 시·도지사에게 보고하여야 한다.

● Advice 자동차제작·판매자 등은 반품으로 말소 등록된 자동차를 판매하는 경우에는 해당 자동차가 반품된 자동차라는 사실을 구매자에게 고지하여야 한다.

7 자동차관리법상 자동차등록번호판에 대한 내용으로 옳지 않은 것은?

① 자동차 소유자 또는 자동차 소유자를 갈음하여 등록을 신청하는 자가 직접 등록번호판의 부착하려는 경우에는 등록번호판의 부착을 직접 하게 할 수 있다.
② 등록번호판은 시·도지사의 허가를 받은 경우와 다른 법률에 특별한 규정이 있는 경우를 제외하고는 떼지 못한다.
③ 등록번호판의 부착을 하지 아니하거나 임시운행허가번호판을 붙인 자동차는 운행하지 못한다.
④ 누구든지 등록번호판을 가리거나 알아보기 곤란하게 하여서는 아니 되며, 그러한 자동차를 운행하여서도 아니 된다.

● Advice 등록번호판의 부착을 하지 아니한 자동차는 운행하지 못한다. 다만, 임시운행허가번호판을 붙인 경우에는 그러하지 아니하다.

8 자동차 소유주가 자동차 등록원부의 기재사항이 변경된 경우에는 변경등록을 신청하여야 한다. 다음 중 변경등록을 하지 않은 위반행위로 인한 과태료에 대한 내용으로 옳지 않은 것은?

① 자동차의 변경등록사유가 발생한 날부터 30일 이내에 변경등록을 하지 아니한 경우에는 과태료를 부과한다.
② 신청기간만료일로부터 90일 이내인 경우에는 2만 원의 과태료가 부과된다.
③ 신청기간만료일부터 90일을 초과한 경우 174일 이내인 경우라면 2만 원에 91일째부터 계산하여 5일 초과 시마다 1만 원씩 부과된다.
④ 신청 지연기간이 175일 이상인 경우 과태료는 30만 원이다.

Advice 변경등록 신청을 하지 않은 경우
 ㉠ 신청기간만료일부터 90일 이내인 때 : 과태료 2만 원
 ㉡ 신청기간만료일부터 90일을 초과한 경우 174일 이내인 경우 2만 원에 91일째부터 계산하여 3일 초과 시마다 : 과태료 1만 원
 ㉢ 신청 지연기간이 175일 이상인 경우 : 30만 원

9 자동차관리법상 이전등록에 대한 설명으로 옳지 않은 것은?

① 자동차매매업자는 자동차의 매도 또는 매매의 알선을 한 경우에는 산 사람을 갈음하여 이전등록 신청을 하여야 한다.
② 등록된 자동차를 양수받는 자는 대통령령으로 정하는 바에 따라 시·도지사에게 자동차 소유권의 이전등록을 신청하여야 한다.
③ 자동차를 양수한 자가 다시 제3자에게 양도하려는 경우에는 양도 전에 제3자 명의로 이전등록을 하여야 한다.
④ 자동차를 양수한 자가 이전등록을 신청하지 아니한 경우에는 대통령령으로 정하는 바에 따라 그 양수인을 갈음하여 양도자(이전등록을 신청할 당시 등록원부에 적힌 소유자)가 신청할 수 있다.

Advice 자동차를 양수한 자가 다시 제3자에게 양도하려는 경우에는 양도 전에 자기 명의로 이전등록을 하여야 한다.

정답 8.③ 9.③

10 자동차관리법상 자동차의 구조에 해당하지 않는 것은?

① 최대안전경사각도
② 차체 및 차대
③ 접지부분 및 접지압력
④ 총중량

● Advice 자동차의 구조
㉠ 길이·너비 및 높이
㉡ 최저지상고
㉢ 총중량
㉣ 중량분포
㉤ 최대안전경사각도
㉥ 최소회전반경
㉦ 접지부분 및 접지압력

11 다음 중 시·도지사의 직권으로 자동차의 말소등록을 할 수 있는 경우가 아닌 것은?

① 자동차를 수출한 경우
② 속임수를 사용하여 자동차를 등록한 경우
③ 말소등록을 신청하여야 할 자가 신청하지 아니한 경우
④ 자동차의 차대가 등록원부상의 차대와 다른 경우

● Advice 시·도지사는 다음의 어느 하나에 해당하는 경우에는 직권으로 말소등록을 할 수 있다.
㉠ 말소등록을 신청하여야 할 자가 신청하지 아니한 경우
㉡ 자동차의 차대(차대가 없는 자동차의 경우에는 차체)가 등록원부상의 차대와 다른 경우
㉢ 자동차를 폐차한 경우
㉣ 속임수나 그 밖의 부정한 방법으로 등록된 경우
㉤ 자동차 운행정지 명령에도 불구하고 해당 자동차를 계속 운행하는 경우

12 다음 중 자동차의 말소등록 신청사유로 볼 수 없는 것은?

① 천재지변·교통사고 또는 화재로 자동차 본래의 기능을 회복할 수 없게 되거나 멸실된 경우
② 자동차를 수입하는 경우
③ 자동차제작·판매자등에게 반품한 경우
④ 자동차해체재활용업자에게 폐차를 요청한 경우

● Advice 자동차의 말소등록 … 자동차 소유자는 등록된 자동차가 다음의 어느 하나의 사유에 해당하는 경우에는 자동차등록증, 자동차 등록번호판을 반납하고 시·도지사에게 말소등록을 신청하여야 한다. 다만, ㉠ 및 ㉢의 사유에 해당되는 경우에는 말소등록을 신청할 수 있다.
㉠ 자동차해체재활용업자에게 폐차를 요청한 경우
㉡ 자동차제작·판매자등에게 반품한 경우
㉢ 「여객자동차 운수사업법」에 따른 차령(車齡)이 초과된 경우
㉣ 「여객자동차 운수사업법」 및 「화물자동차 운수사업법」에 따라 면허·등록·인가 또는 신고가 실효되거나 취소된 경우
㉤ 천재지변·교통사고 또는 화재로 자동차 본래의 기능을 회복할 수 없게 되거나 멸실된 경우
㉥ 자동차를 수출하는 경우
㉦ 압류등록을 한 후에도 환가 절차 등 후속 강제집행 절차가 진행되고 있지 아니하는 차량 중 차령 등 환가가치가 남아 있지 아니하다고 인정되는 경우. 이 경우 시·도지사가 해당 자동차 소유자로부터 말소등록 신청을 접수하였을 때에는 즉시 그 사실을 압류등록을 촉탁한 법원 또는 행정관청과 등록원부에 적힌 이해관계인에게 알려야 한다.
㉧ 자동차를 교육·연구의 목적으로 사용하는 등 대통령령으로 정하는 사유에 해당하는 경우

정답 ▶ 10.② 11.① 12.②

13 다음 중 자동차의 장치에 해당하지 않는 것은?

① 창유리
② 내압용기
③ 원동기
④ 좌석안전띠

● Advice 자동차의 장치 … 원동기(동력발생장치) 및 동력전달장치, 주행장치, 조종장치, 조향장치, 제동장치, 완충장치, 연료장치 및 전기·전자장치, 차체 및 차대, 연결장치 및 견인장치, 승차장치 및 물품적재장치, 창유리, 소음방지장치, 배기가스발산방지장치, 전조등·번호등·후미등·제동등·차폭등·후퇴등 그 밖의 등화장치, 경음기 및 그 밖의 경보장치, 방향지시등 그 밖의 지시장치, 후사경·창닦이기 그 밖의 시야를 확보하는 장치, 후방 영상장치 및 후진경고음 발생장치, 속도계·주행거리계 그 밖의 계기, 소화기 및 방화장치, 내압용기 및 그 부속장치, 그 밖의 자동차의 안전운행이 필요한 장치로서 국토교통부령으로 정하는 장치

14 자동차관리법상 임시운행의 허가기간이 가장 짧은 것은?

① 수출하기 위하여 말소등록한 자동차를 점검·정비하거나 선적하기 위하여 운행하려는 경우
② 자동차를 제작·조립 또는 수입하는 자가 자동차에 특수한 설비를 설치하기 위하여 다른 제작 또는 조립장소로 자동차를 운행하려는 경우
③ 자동차를 제작·조립·수입 또는 판매하는 자가 판매사업장·하치장 또는 전시장에 자동차를 보관·전시하기 위하여 운행하려는 경우
④ 자동차자기인증에 필요한 시험 또는 확인을 받기 위하여 자동차를 운행하려는 경우

● Advice 임시운행허가기간
  ㉠ 10일 이내
    • 신규등록신청을 위하여 자동차를 운행하려는 경우
    • 자동차의 차대번호 또는 원동기형식의 표기를 지우거나 그 표기를 받기 위하여 자동차를 운행하려는 경우
    • 신규검사 또는 임시검사를 받기 위하여 자동차를 운행하려는 경우
    • 자동차를 제작·조립·수입 또는 판매하는 자가 판매사업장·하치장 또는 전시장에 자동차를 보관·전시하기 위하여 운행하려는 경우
    • 자동차를 제작·조립·수입 또는 판매하는 자가 판매한 자동차를 환수하기 위하여 운행하려는 경우
    • 자동차운전학원 및 자동차운전전문학원을 설립·운영하는 자가 검사를 받기 위하여 기능교육용 자동차를 운행하려는 경우
  ㉡ 20일 이내 : 수출하기 위하여 말소등록한 자동차를 점검·정비하거나 선적하기 위하여 운행하려는 경우
  ㉢ 40일 이내
    • 자동차자기인증에 필요한 시험 또는 확인을 받기 위하여 자동차를 운행하려는 경우
    • 자동차를 제작·조립 또는 수입하는 자가 자동차에 특수한 설비를 설치하기 위하여 다른 제작 또는 조립장소로 자동차를 운행하려는 경우
  ㉣ 자가 시험·연구의 목적으로 자동차를 운행하려는 경우 : 2년의 범위에서 해당 시험·연구에 소요되는 기간. 다만, 전기자동차 등 친환경·첨단미래형 자동차의 개발·보급을 위하여 필요하다고 국토교통부장관이 인정하는 자의 경우 5년

정답 ➤ 13.④ 14.③

15 자동차관리법상 자동차 튜닝이 승인되지 않는 경우에 해당하지 않는 것은?

① 제작허용총중량을 넘어서 총중량을 증가시키는 튜닝
② 튜닝전보다 성능 또는 안전도가 저하될 우려가 있는 경우의 튜닝
③ 자동차의 종류가 변경되는 튜닝
④ 전기자동차 등 신기술을 적용하는 튜닝

> ● Advice 자동차 튜닝이 승인되지 않는 경우
> ㉠ 제작허용총중량(제작허용총중량이 없는 경우에는 차대 또는 차체가 동일한 자동차로 자기인증되어 제원이 통보된 차종의 총중량을 말한다. 이하 같다)을 넘어서 총중량을 증가시키는 튜닝
> ㉡ 자동차의 종류가 변경되는 튜닝. 다만, 다음의 어느 하나에 해당하는 경우는 제외한다.
> • 승용자동차와 동일한 차체 및 차대로 제작된 승합자동차의 좌석장치를 제거하여 승용자동차로 튜닝하는 경우(튜닝하기 전의 상태로 회복하는 경우를 포함한다)
> • 화물자동차를 특수자동차로 튜닝하거나 특수자동차를 화물자동차로 튜닝하는 경우
> ㉢ 튜닝전보다 성능 또는 안전도가 저하될 우려가 있는 경우의 튜닝

16 자동차관리법상 자동차소유자에게 점검·정비·검사 또는 원상복구를 명할 수 있는 경우에 해당하지 않는 것은?

① 자동차안전기준에 적합하지 아니하거나 안전운행에 지장이 있다고 인정되는 자동차
② 승인을 받지 아니하고 튜닝한 자동차
③ 정기검사 또는 자동차종합검사를 받지 아니한 자동차
④ 「화물자동차 운수사업법」에 따른 경미한 교통사고가 발생한 사업용 자동차

> ● Advice 시장·군수·구청장은 다음의 어느 하나에 해당하는 자동차 소유자에게 국토교통부령으로 정하는 바에 따라 점검·정비·검사 또는 원상복구를 명할 수 있다. 다만, ㉡에 해당하는 경우에는 원상복구 및 임시검사를, ㉢에 해당하는 경우에는 정기검사 또는 종합검사를, ㉣에 해당하는 경우에는 임시검사를 각각 명하여야 한다.
> ㉠ 자동차안전기준에 적합하지 아니하거나 안전운행에 지장이 있다고 인정되는 자동차
> ㉡ 승인을 받지 아니하고 튜닝한 자동차
> ㉢ 정기검사 또는 자동차종합검사를 받지 아니한 자동차
> ㉣ 「화물자동차 운수사업법」에 따른 중대한 교통사고가 발생한 사업용 자동차

17 다음 중 신규등록 후 일정 기간마다 정기적으로 실시하는 검사는?

① 신규검사   ② 정기검사
③ 튜닝검사   ④ 임시검사

> ● Advice 자동차검사의 종류
> ㉠ **신규검사**: 신규등록을 하려는 경우 실시하는 검사
> ㉡ **정기검사**: 신규등록 후 일정 기간마다 정기적으로 실시하는 검사
> ㉢ **튜닝검사**: 자동차를 튜닝한 경우에 실시하는 검사
> ㉣ **임시검사**: 자동차관리법 또는 자동차관리법에 따른 명령이나 자동차 소유자의 신청을 받아 비정기적으로 실시하는 검사

정답 15.④ 16.④ 17.②

18 자동차관리법상 자동차 정기검사의 유효기간이 잘못 연결된 것은?

① 사업용 승용자동차 – 1년
② 차령 2년 이하의 사업용 대형화물자동차 – 1년
③ 비사업용 승용자동차 – 1년
④ 차령 5년인 사업용 소형 승합자동차 – 1년

● Advice 자동차 정기검사 유효기간

차종			차령	검사 유효기간
비사업용 승용자동차 및 피견인자동차			모든차령	2년(최초5년)
사업용 승용자동차			모든차령	1년(최초2년)
승합 자동차	비 사업용	경형 · 소형	4년 이하	2년
			4년 초과	1년
		중형 · 대형	8년 이하	1년(길이 5.5미터 미만인 자동차는 최초 2년)
			8년 초과	6개월
	사업용	경형 · 소형	4년 이하	2년
			4년 초과	1년
		중형 · 대형	8년 이하	1년
			8년 초과	6개월
화물 자동차	비 사업용	경형 · 소형	4년 이하	2년
			4년 초과	1년
		중형 · 대형	5년 이하	1년
			5년 초과	6개월
	사업용	경형 · 소형	모든차령	1년(최초 2년)
		중형	5년 이하	1년
			5년 초과	6개월
		대형	2년 이하	1년
			2년 초과	6개월
특수 자동차	비사업용 및 사업용	경형 · 소형 · 중형 · 대형	5년 이하	1년
			5년 초과	6개월

19 자동차종합검사 시 실시하는 검사분야가 아닌 것은?

① 자동차의 동일성 확인 및 배출가스 관련 장치 등의 작동 상태 확인을 관능검사 및 기능검사로 하는 공통 분야
② 자동차 안전검사 분야
③ 자동차 배출가스 정밀검사 분야
④ 자동차 정밀검사 및 정기검사 분야

● Advice 대기환경보전법에 따른 운행차 배출가스 정밀검사 시행지역에 등록한 자동차 소유자 및 수도권 대기환경개선에 관한 특별법에 따른 특정경유자동차 소유자는 정기검사와 대기환경보전법에 따라 실시하는 배출가스 정밀검사 또는 수도권 대기환경개선에 관한 특별법에 따른 특정경유자동차 배출가스 검사를 통합하여 국토교통부장관과 기후에너지환경부장관이 공동으로 다음에 대하여 실시하는 자동차종합검사를 받아야 한다. 종합검사를 받은 경우에는 정기검사, 정밀검사 및 특정경유자동차검사를 받은 것으로 본다.
㉠ 자동차의 동일성 확인 및 배출가스 관련 장치 등의 작동 상태 확인을 관능검사(사람의 감각기관으로 자동차의 상태를 확인하는 검사) 및 기능검사로 하는 공통 분야
㉡ 자동차 안전검사 분야
㉢ 자동차 배출가스 정밀검사 분야

정답 18.③ 19.④

20 자동차종합검사 실시 결과 부적합 판정을 받은 자동차의 소유자는 재검사를 받아야 한다. 다음 중 종합검사기간 내에 종합검사를 신청한 경우 며칠까지 검사를 받아야 하는가?

① 부적합 판정을 받은 날부터 종합검사기간 만료 후 10일 이내
② 부적합 판정을 받은 날부터 종합검사기간 만료 후 20일 이내
③ 부적합 판정을 받은 날부터 10일 이내
④ 부적합 판정을 받은 날부터 20일 이내

● Advice 종합검사 실시 결과 부적합 판정을 받은 자동차의 소유자가 재검사를 받으려는 경우에는 다음의 구분에 따른 기간 내에 종합검사대행자 또는 종합검사지정정비사업자에게 자동차등록증과 자동차종합검사 결과표 또는 자동차기능 종합진단서를 제출하고 해당 자동차를 제시하여야 한다.
㉠ 종합검사기간 내에 종합검사를 신청한 경우 : 부적합 판정을 받은 날부터 종합검사기간 만료 후 10일 이내
㉡ 종합검사기간 전 또는 후에 종합검사를 신청한 경우 : 부적합 판정을 받은 날부터 10일 이내
㉢ 종합검사기간 내에 종합검사를 신청하였으나 최고속도제한장치의 미설치, 또는 설치상태의 불량과 자동차 배출가스 검사기준위반으로 부적합 판정을 받은 경우 : 부적합 판정을 받은 날부터 10일 이내

21 다음 중 자동차종합검사의 유효기간 계산방법이 잘못된 것은?

① 신규등록을 하는 자동차의 경우 신규등록일부터 계산한다.
② 종합검사기간 내에 종합검사를 신청하여 적합 판정을 받은 자동차의 경우 직전 검사 유효기간 마지막 날의 다음 날부터 계산한다.
③ 종합검사기간 전 또는 후에 종합검사를 신청하여 적합 판정을 받은 자동차의 경우 종합검사를 받은 날부터 계산한다.
④ 재검사 결과 적합 판정을 받은 자동차의 경우 자동차종합검사 결과표 또는 자동차기능 종합진단서를 받은 날의 다음 날부터 계산한다.

● Advice 자동차종합검사 유효기간의 계산
㉠ 신규등록을 하는 자동차 : 신규등록일부터 계산
㉡ 종합검사기간 내에 종합검사를 신청하여 적합 판정을 받은 자동차 : 직전 검사 유효기간 마지막 날의 다음 날부터 계산
㉢ 종합검사기간 전 또는 후에 종합검사를 신청하여 적합 판정을 받은 자동차 : 종합검사를 받은 날의 다음 날부터 계산
㉣ 재검사 결과 적합 판정을 받은 자동차 : 자동차종합검사 결과표 또는 자동차기능 종합진단서를 받은 날의 다음 날부터 계산

정답 20.① 21.③

22 다음 중 비사업용 승용자동차의 종합검사 유효기간은?

① 6개월　　② 1년
③ 2년　　　④ 5년

● Advice 종합검사의 대상과 유효기간

검사대상			차령	검사 유효기간
승용자동차	비사업용	경형·소형·중형·대형	4년 초과	2년
	사업용	경형·소형·중형·대형	2년 초과	1년
승합자동차	비사업용	경형·소형	4년 초과	1년
		중형	3년 초과	8년까지는 1년, 이후부터는 6개월
		대형	3년 초과	8년까지는 1년, 이후부터는 6개월
	사업용	경형·소형	4년 초과	1년
		중형	2년 초과	8년까지는 1년, 이후부터는 6개월
		대형	2년 초과	8년까지는 1년, 이후부터는 6개월
화물자동차	비사업용	경형·소형	4년 초과	1년
		중형	3년 초과	5년까지는 1년, 이후부터는 6개월
		대형	3년 초과	5년까지는 1년, 이후부터는 6개월
	사업용	경형·소형	2년 초과	1년
		중형	2년 초과	5년까지는 1년, 이후부터는 6개월
		대형	2년 초과	6개월
특수자동차	비사업용	경형·소형·중형·대형	3년 초과	5년까지는 1년, 이후부터는 6개월
	사업용	경형·소형·중형·대형	2년 초과	5년까지는 1년, 이후부터는 6개월

05 도로법령

1 도로법상 도로가 아닌 것은?

① 터널
② 지하도
③ 백사장
④ 옹벽

● Advice 도로란 차도, 보도, 자전거도로, 측도, 터널, 교량, 육교 등 대통령령으로 정하는 시설로 구성된 것으로서, 도로의 부속물을 포함한다.
※ 대통령령으로 정하는 시설
　㉠ 차도·보도·자전거도로 및 측도
　㉡ 터널·교량·지하도 및 육교(해당 시설에 설치된 엘리베이터 포함)
　㉢ 궤도
　㉣ 옹벽·배수로·길도랑·지하통로 및 무넘기시설
　㉤ 도선장 및 도선의 교통을 위하여 수면에 설치하는 시설

2 다음 중 도로의 종류에 해당하지 않는 것은?

① 시도
② 군도
③ 면도
④ 구도

● Advice 도로의 종류와 등급 … 도로의 종류는 다음과 같고 그 등급은 열거한 순서와 같다.
1. 고속국도(고속국도의 지선 포함)
2. 일반국도(일반국도의 지선 포함)
3. 특별시도·광역시도
4. 지방도
5. 시도
6. 군도
7. 구도

정답　22.③ / 1.③　2.③

3 국토교통부장관이 주요 도시, 지정항만, 주요 공항, 국가산업단지 또는 관광지 등을 연결하여 고속국도와 함께 국가간선도로망을 이루는 도로 노선을 정하여 지정·고시한 도로는?

① 특별시도
② 광역시도
③ 일반국도
④ 지방도

● Advice ①② 특별시, 광역시의 관할구역에 있는 주요 도로망을 형성하는 도로, 특별시·광역시의 주요 지역과 인근 도시·항만·산업단지·물류시설 등을 연결하는 도로 및 그 밖의 특별시 또는 광역시의 기능 유지를 위하여 특히 중요한 도로로서 특별시장 또는 광역시장이 노선을 정하여 지정·고시한 도로
④ 지방의 간선도로망을 이루는 도청 소재지에서 시청 또는 군청 소재지에 이르는 도로, 시청 또는 군청 소재지를 서로 연결하는 도로, 도 또는 특별자치도에 있거나 해당 도 또는 특별자치도와 밀접한 관계에 있는 공항·항만·역을 연결하는 도로, 도 또는 특별자치도에 있는 공항·항만·역에서 해당 도 또는 특별자치도와 밀접한 관계가 있는 고속국도, 일반국도 또는 지방도를 연결하는 도로 및 그 밖의 지방의 개발을 위하여 특히 중요한 도로로서 관할 도지사 또는 특별자치도지사가 그 노선을 인정한 것

4 다음 중 도로의 부속물에 포함되지 않는 것은?

① 공동구
② 배수로
③ 가로등
④ 주유소

● Advice 도로의 부속물 … 도로관리청이 도로의 편리한 이용과 안전 및 원활한 도로교통의 확보, 그 밖에 도로의 관리를 위하여 설치하는 다음의 어느 하나에 해당하는 시설 또는 공작물을 말한다.
㉠ 주차장, 버스정류시설, 휴게시설 등 도로이용 지원시설
㉡ 시선유도표지, 중앙분리대, 과속방지시설 등 도로안전시설
㉢ 통행료 징수시설, 도로관제시설, 도로관리사업소 등 도로관리시설
㉣ 도로표지 및 교통량 측정시설 등 교통관리시설
㉤ 낙석방지시설, 제설시설, 식수대 등 도로에서의 재해 예방 및 구조 활동, 도로환경의 개선·유지 등을 위한 도로부대시설
㉥ 그 밖에 도로의 기능 유지 등을 위한 시설로서 대통령령으로 정하는 시설
  • 주유소, 충전소, 교통·관광안내소, 졸음쉼터 및 대기소
  • 환승시설 및 환승센터
  • 장애물 표적표지, 시선유도봉 등 운전자의 시선을 유도하기 위한 시설
  • 방호울타리, 충격흡수시설, 가로등, 교통섬, 도로반사경, 미끄럼방지시설, 긴급제동시설 및 도로의 유지·관리용 재료적치장
  • 화물 적재량 측정을 위한 과적차량 검문소 등의 차량단속시설
  • 도로에 관한 정보 수집 및 제공 장치, 기상 관측 장치, 긴급 연락 및 도로의 유지·관리를 위한 통신시설
  • 도로 상의 방파시설, 방설시설, 방풍시설 또는 방음시설(방음림 포함)
  • 도로에의 토사유출을 방지하기 위한 시설 및 비점오염저감시설
  • 도로원표, 수선 담당 구역표 및 도로경계표
  • 공동구
  • 도로 관련 기술개발 및 품질 향상을 위하여 도로에 연접하여 설치한 연구시설

5 도로에서 금지되는 행위에 해당하지 않는 것은?

① 도로를 파손하는 행위
② 도로에 토석을 쌓아놓는 행위
③ 도로에 입목을 치우는 행위
④ 도로의 교통에 지장을 주는 행위

● Advice 도로에 관한 금지행위 … 누구든지 정당한 사유 없이 도로에 대하여 다음의 행위를 하여서는 아니 된다.
㉠ 도로를 파손하는 행위
㉡ 도로에 토석, 입목·죽 등 장애물을 쌓아놓는 행위
㉢ 그 밖에 도로의 구조나 교통에 지장을 주는 행위

정답 3.③ 4.② 5.③

6 도로법에 따른 차량의 운행제한 규정에 대한 설명으로 옳지 않은 것은?

① 도로관리청은 도로 구조를 보전하고 도로에서의 차량 운행으로 인한 위험을 방지하기 위하여 필요하면 도로에서의 차량 운행을 제한할 수 있다.
② 도로관리청은 축하중이 5톤을 초과하거나 총중량이 20톤을 초과하는 차량의 운행을 제한할 수 있다.
③ 도로관리청은 차량의 폭이 2.5미터, 높이가 4.0미터, 길이가 16.7미터를 초과하는 차량의 운행을 제한할 수 있다.
④ 도로관리청이 특히 도로 구조의 보전과 통행의 안전에 지장이 있다고 인정하는 차량의 운행을 제한할 수 있다.

● Advice 도로관리청은 축하중이 10톤을 초과하거나 총중량이 40톤을 초과하는 차량의 운행을 제한할 수 있다.

7 차량의 구조나 적재화물의 특수성으로 인하여 도로관리청에 제한차량 운행허가를 받으려는 자가 신청서에 기재해야 할 사항이 아닌 것은?

① 운행하려는 도로의 종류
② 차량의 제원
③ 운행속도
④ 운행기간

● Advice 운행허가를 받으려는 자는 국토교통부령으로 정하는 제한차량 운행허가 신청서에 다음의 사항을 적고, 구조물 통과 하중 계산서를 첨부하여 도로관리청에 제출하여야 한다. 다만, 제한기준을 초과하는 정도가 경미하거나 구조물의 보강이 필요하지 아니하다고 도로관리청이 인정하는 경우에는 구조물 통과 하중 계산서의 제출을 생략할 수 있다.

㉠ 운행하려는 도로의 종류 및 노선명
㉡ 운행구간 및 그 총 연장
㉢ 차량의 제원
㉣ 운행기간
㉤ 운행목적
㉥ 운행방법

8 도로법령상 차량의 운행제한에 대한 설명으로 옳지 않은 것은?

① 도로관리청은 운행제한에 대한 위반여부를 확인하기 위하여 관계 공무원으로 하여금 차량에 승차하거나 차량의 운전자에게 관계 서류의 제출을 요구하는 등의 방법으로 차량의 적재량을 측정하게 할 수 있다.
② 정당한 사유 없이 적재량 측정을 위한 도로관리청의 요구에 따르지 아니한 자는 3년 이하의 징역이나 3천만 원 이하의 벌금에 처한다.
③ 도로관리청은 차량의 운행허가를 하려면 미리 출발지를 관할하는 경찰서장과 협의한 후 차량의 조건과 운행하려는 도로의 여건을 고려하여 대통령령으로 정하는 절차에 따라 운행허가를 하여야 한다.
④ 운행 제한을 위반한 차량의 운전자, 운행 제한 위반의 지시·요구 금지를 위반한 자에게는 500만 원 이하의 과태료를 부과한다.

● Advice 정당한 사유 없이 적재량 측정을 위한 도로관리청의 요구에 따르지 아니한 자는 1년 이하의 징역이나 1천만 원 이하의 벌금에 처한다.

정답 6.② 7.③ 8.②

9 도로법령상 자동차전용도로의 통행 방법에 대한 설명으로 옳지 않은 것은?

① 자동차전용도로에서는 차량만을 사용해서 통행하거나 출입하여야 한다.
② 도로관리청은 자동차전용도로의 입구에 자동차전용도로의 통행을 금지하거나 제한하는 도로표지를 설치하여야 한다.
③ 차량을 사용하지 않고 자동차전용도로를 통행하거나 출입한 자는 500만 원 이하의 과태료를 부과한다.
④ 자동차전용도로의 도로표지는 통행을 제한하거나 금지하는 대상 등을 구체적으로 밝혀야 한다.

● Advice 자동차전용도로의 통행 방법
㉠ 자동차전용도로에서는 차량만을 사용해서 통행하거나 출입하여야 한다.
㉡ 도로관리청은 자동차전용도로의 입구나 그 밖에 필요한 장소에 ㉠의 내용과 자동차전용도로의 통행을 금지하거나 제한하는 대상 등을 구체적으로 밝힌 도로표지를 설치하여야 한다.
※ 차량을 사용하지 아니하고 자동차전용도로를 통행하거나 출입한 자는 1년 이하의 징역이나 1천만 원 이하의 벌금에 처한다.

10 도로관리청이 자동차전용도로를 해제할 경우 공고해야 할 사항이 아닌 것은?

① 도로의 종류·노선번호 및 노선명
② 도로 구간
③ 통행의 방법
④ 해제의 이유

● Advice 도로관리청이 자동차전용도로를 지정·변경 또는 해제할 때에는 다음의 사항을 공고하고 지체 없이 국토교통부장관에게 보고하여야 한다.
㉠ 도로의 종류·노선번호 및 노선명
㉡ 도로 구간
㉢ 통행의 방법(해제의 경우 제외)
㉣ 지정·변경 또는 해제의 이유
㉤ 해당 구간에 있는 일반교통용의 다른 도로 현황(해제의 경우 제외)
㉥ 그 밖에 필요한 사항

06 대기환경보전법령

1 대기오염으로 인한 국민건강이나 환경에 관한 위해를 예방하고 대기환경을 적정하고 지속가능하게 관리·보전하여 모든 국민이 건강하고 쾌적한 환경에서 생활할 수 있게 하는 것을 목적으로 하는 법률은?

① 도시 및 주거환경정비법
② 대기환경보전법
③ 산업안전보건법
④ 자연환경보전법

● Advice ① 도시기능의 회복이 필요하거나 주거환경이 불량한 지역을 계획적으로 정비하고 노후·불량건축물을 효율적으로 개량하기 위하여 필요한 사항을 규정함으로써 도시환경을 개선하고 주거생활의 질을 높이는데 이바지함을 목적으로 한다.
③ 산업안전·보건에 관한 기준을 확립하고 그 책임의 소재를 명확하게 하여 산업재해를 예방하고 쾌적한 작업환경을 조성함으로써 노무를 제공하는 사람의 안전 및 보건을 유지·증진함을 목적으로 한다.
④ 자연환경을 인위적 훼손으로부터 보호하고, 생태계와 자연경관을 보전하는 등 자연환경을 체계적으로 보전·관리함으로써 자연환경의 지속가능한 이용을 도모하고, 국민이 쾌적한 자연환경에서 여유있고 건강한 생활을 할 수 있도록 함을 목적으로 한다.

정답 9.③ 10.③ / 1.②

2 복사열을 흡수하거나 다시 방출하여 온실효과를 유발하는 대기 중의 가스상태 물질로서 이산화탄소, 메탄, 아산화질소, 수소불화탄소, 과불화탄소, 육불화황 등을 의미하는 용어는?

① 유해성대기감시물질
② 기후 · 생태계 변화유발물질
③ 온실가스
④ 입자상물질

● Advice ① 대기오염물질 중 심사 · 평가 결과 사람의 건강이나 동식물의 생육에 위해를 끼칠 수 있어 지속적인 측정이나 감시 · 관찰 등이 필요하다고 인정된 물질로서 기후에너지환경부령으로 정하는 것을 말한다.
② 지구 온난화 등으로 생태계의 변화를 가져올 수 있는 기체상물질로서 온실가스와 기후에너지환경부령으로 정하는 것을 말한다.
④ 물질이 파쇄 · 선별 · 퇴적 · 이적될 때, 그 밖에 기계적으로 처리되거나 연소 · 합성 · 분해될 때에 발생하는 고체상 또는 액체상의 미세한 물질을 말한다.

3 대기오염물질의 배출이 없는 자동차 또는 제작차의 배출허용기준보다 오염물질을 적게 배출하는 자동차를 무엇이라 하는가?

① 저공해자동차
② 자율주행자동차
③ 하이브리드자동차
④ 특수자동차

● Advice 저공해자동차
㉠ 대기오염물질의 배출이 없는 자동차
㉡ 「대기환경보전법」에 따른 제작차의 배출허용기준보다 오염물질을 적게 배출하는 자동차

4 연소할 때에 생기는 유리 탄소가 주가 되는 미세한 입자상물질을 의미하는 것은?

① 검댕
② 먼지
③ 매연
④ 가스

● Advice ① 연소할 때에 생기는 유리 탄소가 응결하여 입자의 지름이 1미크론 이상이 되는 입자상물질을 말한다.
② 대기 중에 떠다니거나 흩날려 내려오는 입자상물질을 말한다.
④ 물질이 연소 · 합성 · 분해될 때에 발생하거나 물리적 성질로 인하여 발생하는 기체상물질을 말한다.

5 자동차에서 배출되는 대기오염물질을 줄이기 위하여 자동차에 부착 또는 교체하는 장치로서 기후에너지환경부령으로 정하는 저감효율에 적합한 장치는?

① 공회전제한장치
② 배출가스저감장치
③ 저공해엔진
④ 촉매제

● Advice ① 자동차에서 배출되는 대기오염물질을 줄이고 연료를 절약하기 위하여 자동차에 부착하는 장치로서 기후에너지환경부령으로 정하는 기준에 적합한 장치를 말한다.
③ 자동차에서 배출되는 대기오염물질을 줄이기 위한 엔진(엔진 개조에 사용하는 부품을 포함)으로서 기후에너지환경부령으로 정하는 배출허용기준에 맞는 엔진을 말한다.
④ 배출가스를 줄이는 효과를 높이기 위하여 배출가스저감장치에 사용되는 화학물질로서 기후에너지환경부령으로 정하는 것을 말한다.

정답 ▶ 2.③ 3.① 4.③ 5.②

6 차령과 대기오염물질 또는 기후·생태계 변화유발물질 배출정도 등에 관하여 기후에너지환경부령으로 정하는 요건을 충족하는 자동차의 소유자에게 그 지역의 조례에 따라 그 자동차에 대하여 조치명령이나 조기폐차를 권고할 수 있다. 다음 중 조치명령에 해당하지 않는 것은?

① 저공해자동차 또는 저공해건설기계로의 개조
② 배출가스저감장치의 부착
③ 저공해엔진으로의 교체
④ 공회전제한장치의 부착

● Advice 조치명령사항
  ㉠ 저공해자동차 또는 저공해건설기계로의 전환 또는 개조
  ㉡ 배출가스저감장치의 부착 또는 교체 및 배출가스 관련 부품의 교체
  ㉢ 저공해엔진(혼소엔진 포함)으로의 개조 또는 교체

7 자동차의 배출가스가 운행차배출허용기준에 적합한지를 확인하기 위하여 도로나 주차장 등에서 자동차 배출가스 배출상태를 수시로 점검하여 하는데 다음 중 수시점검을 하지 않아도 되는 차량이 아닌 것은?

① 저공해자동차   ② 긴급자동차
③ 화물자동차   ④ 군용 트럭

● Advice 운행차 수시점검의 면제대상
  ㉠ 기후에너지환경부장관이 정하는 저공해자동차
  ㉡ 도로교통법에 따른 긴급자동차
  ㉢ 군용 및 경호업무용 등 국가의 특수한 공용 목적으로 사용되는 자동차

8 국가나 지방자치단체가 저공해자동차의 보급 및 배출가스저감장치의 부착 또는 교체와 저공해엔진으로의 개조 또는 교체를 촉진하기 위하여 예산의 범위에서 필요한 자금을 보조하거나 융자할 수 있는 자로 볼 수 없는 것은?

① 자동차에 배출가스저감장치를 부착 또는 교체하거나 자동차의 엔진을 저공해엔진으로 개조 또는 교체하는 자
② 자동차의 배출가스 관련 부품을 교체하는 자
③ 저공해자동차를 구입하거나 저공해자동차로 개조하는 자
④ 권고에 따라 자동차를 조기에 대차하는 자

● Advice 국가나 지방자치단체는 저공해자동차 및 저공해건설기계의 보급, 배출가스저감장치의 부착 또는 교체와 저공해엔진으로의 개조 또는 교체를 촉진하기 위하여 다음의 어느 하나에 해당하는 자에 대하여 예산의 범위에서 필요한 자금을 보조하거나 융자할 수 있다.
  ㉠ 저공해자동차 또는 저공해건설기계를 구입하거나 저공해자동차 또는 저공해건설기계로 개조하는 자
  ㉡ 저공해자동차 또는 저공해건설기계에 연료를 공급하기 위한 시설 중 다음의 시설을 설치하는 자
    • 천연가스를 연료로 사용하는 자동차에 천연가스를 공급하기 위한 시설로서 기후에너지환경부장관이 정하는 시설
    • 전기를 연료로 사용하는 자동차(전기자동차)에 전기를 충전하기 위한 시설로서 기후에너지환경부장관이 정하는 시설
    • 그 밖에 태양광, 수소연료 등 기후에너지환경부장관이 정하는 저공해자동차 또는 저공해건설기계 연료공급시설
  ㉢ 자동차에 배출가스저감장치를 부착 또는 교체하거나 자동차의 엔진을 저공해엔진으로 개조 또는 교체하는 자
  ㉣ 자동차의 배출가스 관련 부품을 교체하는 자
  ㉤ 권고에 따라 자동차를 조기에 폐차하는 자
  ㉥ 그 밖에 배출가스가 매우 적게 배출되는 것으로서 기후에너지환경부장관이 정하여 고시하는 자동차를 구입하는 자

정답 6.④ 7.③ 8.④

9 대기환경보전법령상 시·도지사가 공회전제한장치의 부착을 명령할 수 있는 택배용으로 사용되는 밴형 화물자동차의 최대적재량은 얼마인가?

① 1톤 이하
② 1.5톤 이하
③ 3톤 이하
④ 5톤 이하

● Advice 공회전 제한장치 부착명령 대상 자동차
  ㉠ 시내버스운송사업에 사용되는 자동차: 광역급행형·직행좌석형·좌석형 및 일반형 등으로 그 운행형태를 구분
  ㉡ 일반택시운송사업(군단위를 사업구역으로 하는 운송사업 제외)에 사용되는 자동차: 경형·소형·중형·대형·모범형 및 고급형 등으로 구분
  ㉢ 화물자동차운송사업에 사용되는 최대적재량이 1톤 이하인 밴형 화물자동차로서 택배용으로 사용되는 자동차

10 배출가스의 수시점검방법에 대한 설명으로 옳지 않은 것은?

① 기후에너지환경부장관, 특별시장·광역시장·특별자치시장·특별자치도지사·시장·군수·구청장은 자동차에서 배출되는 배출가스가 운행차배출허용기준에 적합한지 확인하기 위하여 도로나 주차장 등에서 자동차의 배출가스 배출상태를 수시로 점검하여야 한다.
② 기후에너지환경부장관, 특별시장·광역시장·특별자치시장·특별자치도지사·시장·군수·구청장은 점검대상 자동차를 선정한 후 배출가스를 점검하여야 한다.
③ 원활한 차량소통과 승객의 편의 등을 위하여 필요한 경우에는 운행 중인 상태에서 디지털 카메라 또는 캠코더만을 사용하여 점검할 수 있다.
④ 배출가스 측정방법은 기후에너지환경부장관이 정하여 고시한다.

● Advice 원활한 차량소통과 승객의 편의 등을 위하여 필요한 경우에는 운행 중인 상태에서 원격측정기 또는 비디오카메라를 사용하여 점검할 수 있다.

정답 9.① 10.③

02 화물취급요령

01 개요 및 운송장 작성과 화물포장

1 화물차량을 운행할 경우 유의할 사항으로 옳지 않은 것은?

① 드라이 벌크 탱크 차량은 커브길이나 급회전 시 주의해야 한다.
② 냉동차량은 급회전시 주의해야 한다.
③ 가축운반차량은 커브길에게 주의가 필요하다.
④ 비정상화물차량은 커브길에 주의가 필요하다.

● Advice 비정상화물이란 길이가 긴 화물, 폭이 넓은 화물 또는 부피에 비하여 중량이 무거운 화물 등을 말한다. 이러한 비정상하물차량을 운전할 때에는 적재물의 특성을 알리는 특수장비를 갖추거나 경고표시를 하여 운행에 주의하여야 한다.
※ 커브길이나 급회전시 주의해야 할 차량은 무게중심이 높은 차량이다.

2 운송장의 기능으로 옳지 않은 것은?

① 계약서 기능
② 화물인도증 기능
③ 운송요금 영수증 기능
④ 배달에 대한 증빙자료

● Advice 운송장의 기능
㉠ 계약서 기능
㉡ 화물인수증 기능
㉢ 운송요금 영수증 기능
㉣ 정보처리 기본자료
㉤ 배달에 대한 증빙
㉥ 수입금 관리자료
㉦ 행선지 분류정보 제공

3 동일 수하인에게 다수의 화물이 배달될 경우 운송장비용을 절약하기 위하여 사용하는 운송장은 무엇인가?

① 보조운송장
② 스티커형 운송장
③ 배달표형 스티커 운송장
④ 바코드 절취형 스티커 운송장

● Advice ② 운송장 제작비와 전산 입력비용을 절약하기 위하여 기업고객과 완벽한 EDI시스템이 구축된 경우 사용한다.
③ 화물에 부착된 스티커형 운송장을 떼어내어 배달표로 사용할 수 있는 운송장이다.
④ 스티커에 부착된 바코드만을 절취하여 별도의 화물배달표에 부착하여 배달확인을 받는 운송장을 말한다.

4 다음 중 운송장에 기재해야 할 사항이 아닌 것은?

① 운송장 번호
② 송하인 주소
③ 수하인 주민등록번호
④ 화물명

● Advice 운송장에 기재해야 할 사항
㉠ 운송장 번호와 바코드
㉡ 송하인 주소, 성명, 전화번호
㉢ 수하인 주소, 성명, 전화번호
㉣ 주문번호 또는 고객번호
㉤ 화물명
㉥ 화물의 가격
㉦ 화물의 크기
㉧ 운임의 지급방법
㉨ 운송요금

정답 ▶ 1.④ 2.② 3.① 4.③

ㅊ 발송지
ㅋ 도착지
ㅌ 집하자
ㅍ 인수자 날인
ㅎ 특기사항
㉮ 면책사항
㉯ 화물의 수량

5 다음 중 운송장 기재요령 중 송하인이 기재해야 할 내용이 아닌 것은?

① 물품의 품명, 가격, 수량
② 수하인의 주소, 성명, 전화번호
③ 특약사항 약관설명 확인필 자필 서명
④ 접수일자, 발송점, 도착점

● Advice 운송장 기재시 송하인이 기재해야 할 사항
  ㉠ 송하인의 주소, 성명 및 전화번호
  ㉡ 수하인의 주소, 성명, 전화번호
  ㉢ 물품의 품명, 수량, 가격
  ㉣ 특약사항 약관설명 확인필 자필 서명
  ㉤ 파손품 또는 냉동 부패성 물품의 경우 면책확인서 자필 서명

6 운송장 기재 시 유의사항에 대한 설명으로 옳지 않은 것은?

① 화물 인수 시 적합성 여부를 확인한 다음, 고객이 직접 운송장 정보를 기입하도록 하여야 한다.
② 수하인의 주소 및 전화번호가 맞는지 정확하게 확인한다.
③ 파손, 부패, 변질 등 문제의 소지가 있는 물품의 경우에는 면책확인서를 받는다.
④ 고가품의 경우 할증료의 청구를 거절할 때에는 면책확인서를 받는다.

● Advice 고가품에 대하여는 그 품목과 물품가격을 정확히 확인하여 기재하고, 할증료를 청구하여야 하며, 할증료를 거절하는 경우에는 특약사항을 설명하고 보상한도에 대해 서명을 받는다.

7 다음 중 포장의 종류에 해당하지 않는 것은?

① 개장
② 내장
③ 외장
④ 기장

● Advice 포장의 종류는 개장, 내장, 외장이 있다.

8 운송장 부착요령에 대한 설명으로 옳지 않은 것은?

① 운송장 부착은 원칙적으로 접수장소에서 매 건마다 작성하여 화물에 부착하여야 한다.
② 운송장은 물품의 정중앙 상단에 뚜렷하게 보이도록 부착한다.
③ 물품 정중앙 상단에 부착이 어려운 경우 박스 모서리나 후면 또는 측면에 부착한다.
④ 운송장이 떨어질 우려가 큰 물품의 경우 송하인의 동의를 얻어 포장재에 수하인 주소 및 전화번호 등 필요사항을 기재하도록 한다.

● Advice 물품 정중앙 상단에 부착이 어려운 경우 최대한 잘 보이는 곳에 부착하여야 하며, 박스 모서리나 후면 또는 측면에 부착하여 혼동을 주어서는 아니된다.

정답 5.④ 6.④ 7.④ 8.③

9 포장의 기능으로 옳지 않은 것은?

① 보호성 ② 표시성
③ 편리성 ④ 고급성

> **Advice** 포장의 기능
> ㉠ 보호성
> ㉡ 표시성
> ㉢ 상품성
> ㉣ 편리성
> ㉤ 효율성
> ㉥ 판매촉진성

10 포장의 분류 중 포장 재료의 특성에 따른 분류에 해당하지 않는 것은?

① 유연포장
② 강성포장
③ 방수포장
④ 반강성포장

> **Advice** 포장 재료의 특성에 따른 분류
> ㉠ 유연포장
> ㉡ 강성포장
> ㉢ 반강성포장

11 제품별 방습포장의 기능에 대한 설명으로 옳지 않은 것은?

① 건조식품 – 흡습에 의한 변질 및 상품가치의 상실 방지
② 금속제품 – 표면의 변색 방지
③ 공업약품 – 팽윤, 조해, 응고 방지
④ 전자제품 – 곰팡이 발생 방지

> **Advice** 전자제품의 경우 기능 저하를 방지한다.

12 다음 중 포장기법에 따른 분류로 볼 수 없는 것은?

① 방수포장
② 상업포장
③ 방청포장
④ 진공포장

> **Advice** 포장기법에 따른 분류
> ㉠ 방수포장
> ㉡ 방습포장
> ㉢ 방청포장
> ㉣ 완충포장
> ㉤ 진공포장
> ㉥ 압축포장
> ㉦ 수축포장

13 화물포장에 대한 유의사항 중 특별 품목에 대한 설명으로 옳지 않은 것은?

① 손잡이가 있는 박스의 경우 손잡이를 안으로 접어 사각이 되게 한 다음 테이프로 포장한다.
② 비나 눈이 올 경우 비닐포장 후 박스포장을 원칙으로 한다.
③ 포장비를 별도로 받도록 한다.
④ 노트북 등 고가품의 경우 내용물이 파악되지 않도록 별도의 박스로 이중포장을 한다.

> **Advice** 운송화물의 포장이 부실하거나 불량한 경우 포장비를 별도로 받고 포장할 수 있는 사항은 화물포장의 일반적인 유의사항에 해당한다.

정답 9.④ 10.③ 11.④ 12.② 13.③

14 다음 중 내용물이 깨지기 쉬운 것이므로 주의해서 취급해야 한다는 취급 표지에 해당하는 것은?

● Advice ② 화물의 올바른 위 방향을 표시한다.
③ 포장 화물의 저장 또는 유통시 온도 제한을 표시한다.
④ 비를 맞으면 안 되는 포장 화물을 표시한다.

02 화물의 상·하차

1 화물을 취급하기 전 준비 또는 확인해야 할 사항에 대한 내용으로 옳지 않은 것은?

① 위험물, 유해물 등을 취급할 때에는 반드시 보호구 및 안전모를 착용한다.
② 취급할 화물의 품목별, 포장별 등에 따른 취급방법을 사전에 검토한다.
③ 화물의 포장이 거칠거나 미끄러움 등이 없는지 확인한다.
④ 작업도구는 작업에 적합한 물품으로 화물의 수보다 많은 수량을 준비한다.

● Advice 작업도구는 해당 작업에 적합한 물품으로 필요한 수량만큼 준비한다.

2 창고 내에서 화물을 옮길 경우 주의해야 할 사항으로 적절하지 못한 것은?

① 통로 등에는 장애물이 없도록 조치한다.
② 바닥에 물건 등이 놓여 있으면 작업순서에 따라 처리하도록 한다.
③ 운반통로에 있는 맨홀이나 홈에 주의한다.
④ 작업안전통로를 충분히 확보한 후 화물을 적재한다.

● Advice 바닥에 물건 등이 놓여 있으면 즉시 치우도록 하고 바닥의 기름기나 물기는 즉시 제거하여야 한다.

3 화물을 운반할 경우 주의해야 할 사항으로 옳지 않은 것은?

① 운반하는 물건이 시야를 가리지 않도록 한다.
② 뒷걸음질로 화물을 운반하여서는 아니된다.
③ 작업장 주변의 화물상태, 차량통행 등을 항상 주의한다.
④ 원기둥형의 화물을 굴릴 때는 앞으로 밀어 굴리거나 뒤로 끈다.

● Advice 원기둥형의 화물을 굴릴 때에는 앞으로 밀어 굴리고 뒤로 끌어서는 안 된다.

정답 14.① / 1.④ 2.② 3.④

4 창고 내 화물의 취급요령에 대한 설명으로 옳지 않은 것은?

① 창고 내에서 작업할 때에는 어떠한 경우라도 흡연을 금한다.
② 화물적하장소는 수시로 출입이 가능하도록 개방하여 둔다.
③ 화물의 붕괴를 막기 위하여 적재규정을 준수하고 있는지 확인한다.
④ 작업 종료 후 작업장 주의를 정리한다.

● Advice 화물적하장소에 무단으로 출입하여서는 안 된다.

5 화물취급시 발판을 활용하여 작업할 경우 주의해야 할 사항으로 옳지 않은 것은?

① 발판의 설치가 안전하게 되어 있는지 확인한다.
② 발판의 경사는 완만하게 하여 사용한다.
③ 발판을 이용하여 오르내릴 때에는 2명 이상이 동시에 통행한다.
④ 발판은 움직이지 않도록 목마위에 설치하거나 발판 상하 부위에 고정조치를 철저히 하도록 한다.

● Advice 발판을 이용하여 오르내릴 때에는 2명 이상이 동시에 통행하지 않는다.

6 차량 내 화물을 적재할 경우 트랙터 차량의 캡과 적재물의 간격은 얼마이여야 하는가?

① 120cm 이상   ② 80cm 이하
③ 40cm 이상   ④ 100cm 이하

● Advice 트랙터 차량의 캡과 적재물의 간격을 120cm 이상을 유지해야 한다.

7 다음 중 화물의 하역방법에 대한 설명으로 옳지 않은 것은?

① 부피가 큰 것을 쌓을 때에는 무거운 것은 밑에 가벼운 것은 위에 쌓는다.
② 화물은 한 줄로 높이 쌓도록 한다.
③ 종류가 다른 것을 적치할 때는 무거운 것은 밑에 쌓는다.
④ 화물의 적하순서에 따라 작업을 한다.

● Advice 화물은 한 줄로 높이 쌓지 말아야 한다.

8 화물의 차량 내 적재방법에 대한 설명으로 옳지 않은 것은?

① 화물을 적재할 때에는 최대한 무게가 골고루 분산될 수 있도록 하고, 무서운 화물은 적재함의 중간부분에 무게가 집중될 수 있도록 적재한다.
② 냉동 및 냉장차량은 공기가 화물 전체에 통하게 하여 균등한 온도를 유지하도록 열과 열 사이 및 주위에 공간을 남기도록 유의하고, 화물을 적재하기 전에 적절한 온도로 유지되고 있는지 확인한다.
③ 차량전복을 방지하기 위하여 적재물 전체의 무게중심 위치는 적재함 앞쪽 좌우의 위치로 하는 것이 바람직하다.
④ 물건을 적재한 후에는 이동거리가 멀건 가깝건 간에 짐이 넘어지지 않도록 로프나 체인 등으로 단단히 묶어야 한다.

● Advice 차량전복을 방지하기 위하여 적재물 전체의 무게중심 위치는 적재함 전후좌우의 중심위치로 하는 것이 바람직하다.

정답 ▶ 4.② 5.③ 6.① 7.② 8.③

9 화물을 운반하기 위하여 공동 작업을 수행할 경우 주의사항으로 옳지 않은 것은?

① 작업자 상호 간에 신호를 정확히 이해하고 진행속도를 맞추도록 한다.
② 체력이나 신체조건 등을 고려하여 균형 있게 조를 구성하고 리더의 통제 하에 큰 소리로 신호하여 진행속도를 맞춘다.
③ 긴 화물을 들어 올릴 때에는 두 사람이 화물을 향하여 옆으로 서서 화물중앙을 서로 잡고 구령에 따라 속도를 맞추어 들어 올린다.
④ 너무 성급하게 서둘러서 작업을 하지 않으며 장갑을 착용하고 작업하도록 한다.

● Advice 긴 화물을 들어 올릴 때에는 두 사람이 화물을 향하여 평행으로 서서 화물양끝을 잡고 구령에 따라 속도를 맞추어 들어 올린다.

10 화물 운반시 물품을 들어 올릴 경우 자세 및 방법에 대한 설명으로 옳지 않은 것은?

① 물품을 들 때에는 허리를 똑바로 펴야 한다.
② 다리와 어깨의 근육에 힘을 넣고 팔꿈치를 바로 펴 서서히 물품을 들어올린다.
③ 무릎을 굽혀 펴는 힘으로 드는 것이 아니고 허리의 힘을 이용하여 물품을 든다.
④ 물품과 몸의 거리는 물품의 크기에 따라 다르나, 물품을 수직으로 들어 올릴 수 있는 위치에 몸을 준비한다.

● Advice 허리의 힘으로 드는 것이 아니라 무릎을 굽혀 펴는 힘으로 물품을 든다.

11 단독으로 화물을 운반하고자 할 경우 인력운반중량 권장기준으로 옳은 것은?

① 일시작업 – 성인남자 25~30kg
② 일시작업 – 성인여자 10~15kg
③ 계속작업 – 성인남자 25~30kg
④ 계속작업 – 성인여자 15~20kg

● Advice 단독으로 화물을 운반할 경우 인력운반중량 권장기준
㉠ 일시작업(시간당 2회 이하)
  • 성인남자 25~30kg
  • 성인여자 15~20kg
㉡ 계속작업(시간당 3회 이상)
  • 성인남자 10~15kg
  • 성인여자 5~10kg

12 화물의 운반방법에 대한 설명으로 옳지 않은 것은?

① 무거운 물품은 공동운반하거나 운반차를 이용한다.
② 긴 물건을 어깨에 메고 운반할 때에는 앞부분의 끝을 운반자 키보다 약간 낮게 하여 모서리 등에 충돌하지 않도록 운반한다.
③ 화물을 운반할 때에는 들었다 놓았다 하지 말고 직선거리로 운반한다.
④ 화물을 들어 올리거나 내리는 높이는 작게 할수록 좋다.

● Advice 긴 물건을 어깨에 메고 운반할 때에는 앞부분의 끝을 운반자 키보다 약간 높게 하여 모서리 등에 충돌하지 않도록 운반한다.

정답 ▶ 9.③ 10.③ 11.① 12.②

13 화물의 취급시 기계작업 운반기준에 대한 내용으로 옳지 않은 것은?

① 단순하고 반복적인 작업
② 취급물품이 경량물인 작업
③ 표준화되어 있어 지속적으로 운반량이 많은 작업
④ 취급물품의 형상, 성질, 크기 등이 일정한 작업

● Advice 기계작업 운반기준
 ㉠ 단순하고 반복적인 작업 – 분류, 판독, 검사
 ㉡ 표준화되어 있어 지속적으로 운반량이 많은 작업
 ㉢ 취급물품의 형상, 성질, 크기 등이 일정한 작업
 ㉣ 취급물품이 중량물인 작업

14 고압가스 취급에 대한 내용으로 옳지 않은 것은?

① 고압가스를 운반할 경우 그 고압가스의 명칭, 성질 및 이동중의 재해방지를 위해 필요한 주의사항을 기재한 서면을 운반책임자 또는 운전자에게 교부하여야 한다.
② 고압가스를 적재하여 운반하는 차량은 차량의 고장, 교통사정 또는 운반책임자, 운전자의 휴식 등의 이유로 장시간 정차 또는 주차를 할 때에는 안전한 곳에 정차하여야 한다.
③ 고압가스를 운반할 때에는 안전관리책임자가 운반책임자 또는 운반차량 운전자에게 그 고압가스의 위해 예방에 필요한 사항을 주지시켜야 한다.
④ 고압가스를 운반하는 자는 그 충전용기를 수요자에게 인도하는 때까지 최선의 주의를 다하여 안전하게 운반하여야 하며, 운반도중 보관하는 때에는 안전한 장소에 보관하여야 한다.

● Advice 고압가스를 적재하여 운반하는 차량은 차량의 고장, 교통사정 또는 운반책임자, 운전자의 휴식 등 부득이한 경우를 제외하고는 장시간 정차하지 않는다. 또한 운반책임자와 운전자가 동시에 차량에서 이탈하면 안 된다.

15 화물운송 시 사용되는 컨테이너에 위험물을 수납할 경우 적부방법 및 주의사항으로 옳지 않은 것은?

① 수납되는 위험물 용기의 포장 및 표찰이 완전한가를 충분히 점검하여 포장 및 용기가 파손되었거나 불완전한 것은 수납을 금지시켜야 한다.
② 위험물을 수납하기 전 컨테이너를 깨끗이 청소하고 그 구조와 상태 등을 확인하고 개폐문의 작동상태를 점검하여야 한다.
③ 수납에 있어 화물의 이동, 전도, 충격, 마찰, 누설 등에 의한 위험이 발생하지 않도록 충분한 깔판 및 각종 고임목을 사용하여 화물을 보호하는 동시에 단단히 고정시켜야 한다.
④ 화물 중량의 배분과 외부충격의 완화를 고려하는 동시에 어떠한 경우라도 화물 일부가 컨테이너 밖으로 튀어 나와서는 안 된다.

● Advice 컨테이너에 위험물을 수납하기 전에 철저히 점검하여 그 구조와 상태 등이 불안한 컨테이너를 사용해서는 안 되며, 특히 개폐문의 방수상태를 점검하여야 한다.

정답 ▶ 13.② 14.② 15.②

16 위험물 탱크로리 취급 시 확인사항에 대한 내용으로 옳지 않은 것은?

① 탱크로리에 커플링은 잘 연결되었는지 확인한다.
② 접지는 연결시켰는지 확인한다.
③ 플랜지 등 연결부분을 고정시켰는지 확인한다.
④ 플렉서블 호스는 고정시켰는지 확인한다.

> Advice ③ 플랜지 등 연결부분에 새는 곳은 없는지 확인한다.

17 주유취급소의 위험물 취급기준에 대한 설명으로 옳지 않은 것은?

① 자동차 등에 주유할 때에는 고정주유설비를 사용하여 직접 주유한다.
② 자동차 등에 주유할 때는 다른 자동차 등을 그 주유취급소 안에 주차시켜야 한다.
③ 고정주유설비에 유류를 공급하는 배관은 전용탱크 또는 간이탱크로부터 고정주유설비에 직접 연결된 것이어야 한다.
④ 주유취급소의 전용탱크 또는 간이탱크에 위험물을 주입할 때는 그 탱크에 연결되는 고정주유설비의 사용을 중지하여야 하며, 자동차 등을 그 탱크의 주입구에 접근시켜서는 아니된다.

> Advice ② 자동차 등에 주유할 때는 정당한 이유 없이 다른 자동차 등을 그 주유취급소 안에 주차시켜서는 아니 된다. 다만, 재해발생의 우려가 없는 경우에는 그러하지 아니하다.

18 독극물 취급에 대한 설명으로 옳지 않은 것은?

① 독극물을 취급하거나 운반할 때에는 소정의 안전용기, 도구, 운반구 및 운반차를 이용하여야 한다.
② 취급불명의 독극물은 함부로 다루지 말고, 독극물 취급방법을 확인한 후 취급하여야 한다.
③ 독극물의 취급 및 운반은 위험성이 강하므로 거칠게 다루어야 한다.
④ 독극물 저장소, 드럼통, 용기, 배관 등은 내용물을 알 수 있도록 확실하게 표시해 놓아야 한다.

> Advice ③ 독극물의 취급 및 운반은 거칠게 다루지 말도록 한다.

19 화물의 상·하차 작업시 확인하여야 할 사항으로 옳지 않은 것은?

① 최대한 많은 화물을 적재하였는지를 확인한다.
② 작업신호에 따라 작업이 잘 행하여지고 있는지 확인한다.
③ 받침목, 지주, 로프 등 필요한 보조용구는 준비되어 있는지 확인한다.
④ 차를 통로에 방치해 두지 않았는지 확인한다.

> Advice 화물의 상·하차 작업시 확인사항
> ㉠ 작업원에게 화물의 내용, 특성 등을 잘 주지시켰는가?
> ㉡ 받침목, 지주, 로프 등 필요한 보조용구는 준비되어 있는가?
> ㉢ 차량에 구름막이는 되어 있는가?
> ㉣ 위험한 승강을 하고 있지는 않은가?
> ㉤ 던지기 및 굴려 내리기를 하고 있지 않은가?
> ㉥ 적재량을 초과하지 않는가?
> ㉦ 적재화물의 높이, 길이, 폭 등의 제한은 지키고 있는가?
> ㉧ 화물의 붕괴를 방지하기 위한 조치는 취해져 있는가?
> ㉨ 위험물이나 긴 화물은 소정의 위험표지를 하였는가?
> ㉩ 차량의 이동신호는 잘 지키고 있는가?
> ㉪ 작업신호에 따라 작업이 잘 행하여지고 있는가?
> ㉫ 차를 통로에 방치해 두지 않았는가?

정답 16.③ 17.② 18.③ 19.①

03 적재물 결박·덮개 설치

1 파렛트 화물의 붕괴 방지 요령 중 풀붙이기와 밴드걸이 방식을 병용한 것은?

① 슬립멈추기 시트삽입 방식
② 수평 밴드걸기 풀붙이기 방식
③ 슈링크 방식
④ 스트레치 방식

> **Advice** 수평 밴드걸기 풀붙이기 방식 … 풀붙이기와 밴드걸기 방식을 병용한 것으로 화물의 붕괴를 방지하는 효과를 한층 더 높이는 방법이다.

2 차량에 적재된 화물의 붕괴를 방지하기 위한 요령에 대한 설명으로 옳지 않은 것은?

① 시트나 로프를 거는 방법을 일반적으로 사용한다.
② 화물붕괴 방지 및 작업성을 생각하여 차량에 특수한 장치를 설치하기도 한다.
③ 파렛트 화물이 서로 얽혀 버리지 않도록 사이사이에 합판을 넣는다.
④ 청량음료 전용차의 경우 적재공간에 발포 스티로폼을 넣어 틈을 없애주어야 한다.

> **Advice** 청량음료 전용차의 경우 적재공간을 파렛트 화물치수에 맞추어 작은 칸으로 구분되는 장치를 설치한다.

3 포장화물이 운송과정에서 받는 외압 중 수하역의 경우 낙하의 높이로 옳지 않은 것은?

① 견하역 – 100cm 이상
② 요하역 – 10cm 이상
③ 파렛트 쌓기의 수하역 – 40cm 정도
④ 내하역 – 50cm 이상

> **Advice** 수하역의 경우 낙하의 높이
> ㉠ 견하역 : 100cm 이상
> ㉡ 요하역 : 10cm 정도
> ㉢ 파렛트 쌓기의 수하역 : 40cm 정도

4 다음 설명 중 포장화물운송과정의 외압과 보호요령에 대한 설명으로 옳지 않은 것은?

① 화물은 수평충격과 함께 수송 중 항상 진동을 빈다.
② 포장화물은 보관 중 또는 수송 중에 밑에 쌓은 화물이 반드시 압축하중을 받는 것은 아니다.
③ 포장재료 중 골판지는 시간이나 외부 환경에 의해 변화를 받기 쉬우므로 골판지의 경우 외부 온도와 습기 등에 유의하여야 한다.
④ 포장화물은 운송과정에서 각종 충격, 진동 또는 압축하중을 받는다.

> **Advice** 포장화물은 보관 중 또는 수송 중에 밑에 쌓은 화물이 반드시 압축하중을 받는다. 통상 높이는 창고에서는 4m, 트럭이나 화차에서는 2m이지만, 주행 중에는 상하 진동을 받음으로 2배 정도로 압축하중을 받게 된다.

정답 1.② 2.④ 3.④ 4.②

04 운행요령

1 화물차의 운행에 대한 설명으로 옳지 않은 것은?

① 내리막길을 운전할 때에는 기어를 중립에 둔다.
② 크레인의 경우 인양중량을 초과하는 작업을 허용해서는 안 된다.
③ 주차할 때에는 엔진을 끄고 주차브레이크 장치로 완전 제동한다.
④ 미끄러지기 쉬운 물품, 길이가 긴 물건, 인화성 물질 운반시에는 각별한 안전관리를 한다.

● Advice 화물차 운행시 내리막길을 운전할 때에는 기어를 중립에 두지 않는다.

2 화물차 운행시 일반적으로 주의해야 할 사항으로 옳지 않은 것은?

① 규정속도로 운행하여야 한다.
② 화물을 편중되게 적재하지 않는다.
③ 비포장도로나 위험한 도로에서는 서행하도록 한다.
④ 후진할 때에는 반드시 후진 경고음을 확인한 후 백미러를 보며 서서히 후진한다.

● Advice 후진할 때에는 반드시 뒤를 확인 후 후진 경고하여 서서히 후진한다.

3 다음 중 고속도로 운행제한차량에 해당하지 않는 조건은?

① 길이 – 적재물을 포함한 차량의 길이가 16.7m 초과
② 폭 – 적재물을 포함한 차량의 폭이 2.5m 초과
③ 총중량 – 차량 총중량이 10톤을 초과
④ 높이 – 적재물을 포함한 차량의 높이가 4m 초과

● Advice 총중량 – 차량 총중량이 40톤을 초과

4 컨테이너 상차시 확인해야 하는 사항으로 볼 수 없는 것은?

① 손해여부와 봉인번호를 체크하고 그 결과를 배차부서에 통보한다.
② 상차시에는 안전하게 실었는지를 확인한다.
③ 도착장소와 도착시간을 다시 한 번 정확히 확인한다.
④ 다른 라인의 컨테이너 상차가 어려울 경우 배차부서로 통보한다.

● Advice ③ 상차 후 확인사항에 해당한다.
※ 상차 시 확인사항
 ㉠ 손해여부와 봉인번호를 체크해야 하고 그 결과를 배차부서에 통보한다.
 ㉡ 상차할 때는 안전하게 실었는지를 확인한다.
 ㉢ 샤시 잠금 장치는 안전한지를 확실히 검사한다.
 ㉣ 다른 라인의 컨테이너 상차가 어려울 경우 배차부서로 통보한다.

정답 1.① 2.④ 3.③ 4.③

5 다음 중 고속도로 운행제한차량 중 적재불량차량에 해당하지 않는 것은?

① 화물 적재가 편중되어 전도 우려가 있는 차량
② 모래, 흙, 골재류, 쓰레기 등을 운반하면서 덮개를 미설치하거나 없는 차량
③ 스페어 타이어가 장착되지 않은 차량
④ 덮개를 씌우지 않았거나 묶지 않아 결속상태가 불량한 차량

● Advice 적재불량차량
  ㉠ 화물 적재가 편중되어 전도 우려가 있는 차량
  ㉡ 모래, 흙, 골재류, 쓰레기 등을 운반하면서 덮개를 미설치하거나 없는 차량
  ㉢ 스페어 타이어 고정상태가 불량한 차량
  ㉣ 덮개를 씌우지 않았거나 묶지 않아 결속상태가 불량한 차량
  ㉤ 액체 적재물 방류 또는 유출 차량
  ㉥ 사고 차량을 견인하면서 파손품의 낙하가 우려되는 차량
  ㉦ 기타 적재불량으로 인하여 적재물 낙하 우려가 있는 차량

6 임차한 화물적재차량이 운행제한을 위반하지 않도록 관리하지 않은 임차인에 대한 벌칙으로 옳은 것은?

① 1년 이하의 징역이나 1천만 원 이하의 벌금
② 500만 원 이하의 벌금
③ 500만 원 이하의 과태료
④ 300만 원 이하의 과태료

● Advice 500만 원 이하의 과태료를 내는 위반항목
  • 총중량 40톤, 축하중 10톤, 높이 4.0m, 길이 16.7m, 폭 2.5m 초과
  • 운행제한을 위반하도록 지시하거나 요구한 자
  • 임차한 화물적재차량이 운행제한을 위반하지 않도록 관리하지 아니한 임차인

7 다음 중 고속도로 운행시 저속에 해당하는 속도는?

① 50km/h 미만
② 70km/h 미만
③ 100km/h 미만
④ 110km/h 미만

● Advice 저속차량이란 정상운행속도가 50km/h 미만인 차량을 말한다.

8 과적차량이 도로에 미치는 영향에 대한 설명으로 옳지 않은 것은?

① 도로포장은 기후 및 환경적인 요인에 의한 파손, 포장재료의 성질과 시공 부주의에 의한 손상 그리고 차량의 반복적인 통과 및 과적차량의 운행에 따른 손상들이 복합적으로 영향을 끼치며, 이중 과적에 의한 축하중은 도로포장 손상에 직접적으로 가장 큰 영향을 미친다.
② 도로법 운행제한기준인 축하중 10톤을 기준으로 보았을 때 축하중이 10%만 증가하여도 도로파손에 미치는 영향은 무려 50%가 상승한다.
③ 축하중이 증가할수록 포장의 수명은 급격하게 증가한다.
④ 총중량의 증가는 교량의 손상도를 높이는 주요 원인으로 총중량 50톤의 과적차량의 손상도는 도로법 운행제한기준인 40톤에 비하여 무려 17배나 증가한다.

● Advice ③ 축하중이 증가할수록 포장의 수명은 급격하게 감소한다.

정답 5.③ 6.③ 7.① 8.③

05 화물의 인수·인계요령

1 화물차량의 화물 인수요령에 대한 설명으로 적절하지 못한 것은?

① 포장 및 운송장 기재 요령을 반드시 숙지하고 인수에 임하도록 한다.
② 집하 자제품목 및 집하 금지품목의 경우 그 취지를 알리고 양해를 구한 후 정중히 거절하도록 한다.
③ 집하물품의 도착지와 고객의 배달요청일이 배송 소요 일수 내에 가능한지 필히 확인하고, 기간 내에 배송 가능한 물품을 인수한다.
④ 도서지역의 경우 소비자의 양해를 얻어 운임 및 도선료는 착불로 처리한다.

> **Advice** 도서지역의 경우 차량이 직접 들어갈 수 없는 지역은 착불로 거래 시 운임을 징수할 수 없으므로 소비자의 양해를 얻어 운임 및 도선료는 선불로 처리한다.

2 다음 중 화물운송인의 책임발생시기로 알맞은 것은?

① 물품을 인수하고 운송장을 교부한 시점
② 물품을 인도하고 운송장을 교부한 시점
③ 물품을 인수하고 접수대장에 기록한 시점
④ 물품을 인도하고 접수대장에 기록한 시점

> **Advice** 운송인의 책임은 물품을 인수하고 운송장을 교부한 시점부터 발생한다.

3 화물의 적재요령에 대한 설명으로 옳지 않은 것은?

① 부패성 식품의 경우 신선도 유지를 위하여 가장 안쪽에 적재한다.
② 취급주의 스티커 부착 화물은 적재한 별도공간에 위치하도록 한다.
③ 중량화물은 적재함 하단에 적재하여 타 화물이 훼손되지 않도록 주의한다.
④ 다수화물이 도착하였을 때에는 미도착 수량이 있는지 확인한다.

> **Advice** 긴급을 요하는 화물(부패성 식품 등)은 우선적으로 배송될 수 있도록 쉽게 꺼낼 수 있게 적재한다.

4 화물의 인계요령에 대한 설명으로 옳지 않은 것은?

① 지점에 도착된 물품에 대해서는 익일 배송을 원칙으로 한다.
② 수하인에게 물품을 인계할 때에는 인계 물품의 이상 유무를 확인하여 이상이 있을 경우 즉시 지점에 알려 조치하도록 한다.
③ 인수된 물품 중 부패성 물품과 긴급을 요하는 물품에 대해서는 우선적으로 배송을 하여 손해배상요구가 발생하지 않도록 한다.
④ 배송확인 문의 전화를 받았을 경우, 임의적으로 약속하지 말고 반드시 해당 영업소에 확인하여 고객에게 전달하도록 한다.

> **Advice** 지점에 도착된 물품에 대해서는 당일 배송을 원칙으로 한다. 단, 산간 오지 및 당일 배송이 불가능한 경우 소비자의 양해를 구한 뒤 조치하도록 한다.

정답 1.④ 2.① 3.① 4.①

5 화물인수증에 대한 설명으로 옳지 않은 것은?

① 인수증은 반드시 인수자 확인란에 수령인이 누구인지 인수자가 자필로 바르게 적도록 한다.
② 수령인이 물품의 수하인과 다른 경우 반드시 수하인과의 관계를 기재하여야 한다.
③ 인수증 상에 인수자 서명을 운전자가 임의로 기재하여도 되며, 문제가 발생하지 않는 한 배송완료로 인정받을 수 있다.
④ 동일한 장소에 여러 박스를 배송할 경우 인수증에 반드시 실제 배달한 수량을 기재받아 차후에 수량차이로 인한 시비가 발생하지 않도록 하여야 한다.

● Advice 인수증 상에 인수자 서명을 운전자가 임의로 기재한 경우 무효로 간주되며, 문제가 발생하면 배송완료로 인정받을 수 없다.

6 다음 중 고객 유의사항 확인 요구 물품에 해당하지 않는 것은?

① 중고 가전제품
② 중량 고가물로 40kg 초과 물품
③ 포장 부실물품
④ 포장 물품

● Advice 고객 유의사항 확인 요구 물품
㉠ 중고 가전제품 및 A/S용 물품
㉡ 기계류, 장비 등 중량 고가물로 40kg 초과 물품
㉢ 포장 부실물품 및 무포장 물품(비닐포장 또는 쇼핑백 등)
㉣ 파손 우려 물품 및 내용검사가 부적당하다고 판단되는 부적합 물품

7 다음 중 고객 유의사항 사용범위에 해당하지 않는 것은?

① 포장이 불량하여 운송에 부적합하다고 판단되는 물품
② 수리를 목적으로 운송을 의뢰하는 모든 물품
③ 통상적으로 물품의 안전을 보장하기 어렵다고 판단되는 물품
④ 일정금액을 초과하는 물품으로 위험 부담률이 극히 낮고, 할증료를 징수하지 않는 물품

● Advice 고객 유의사항 사용범위
㉠ 수리를 목적으로 운송을 의뢰하는 모든 물품
㉡ 포장이 불량하여 운송에 부적합하다고 판단되는 물품
㉢ 중고제품으로 원래의 제품 특성을 유지하고 있다고 보기 어려운 물품
㉣ 통상적으로 물품의 안전을 보장하기 어렵다고 판단되는 물품
㉤ 일정금액을 초과하는 물품으로 위험 부담률이 극히 높고, 할증료를 징수하지 않는 물품
㉥ 물품 사고 시 다른 물품에까지 영향을 미쳐 손해액이 증가하는 물품

8 화물사고의 유형으로 볼 수 없는 것은?

① 파손사고
② 오손사고
③ 인명사고
④ 오배달사고

● Advice 화물사고의 유형
㉠ 파손사고
㉡ 오손사고
㉢ 분실사고
㉣ 내용물 부족사고
㉤ 오배달사고
㉥ 지연배달사고
㉦ 받는 사람과 보낸 사람을 알 수 없는 화물사고

정답 5.③ 6.④ 7.④ 8.③

9 화물의 지연배달사고의 원인으로 볼 수 없는 것은?

① 사전에 배송연락 미실시로 제3자가 수취한 후 전달이 늦어지는 경우
② 집배송을 위해 차량을 이석하였을 때 차량 내 화물이 도난당한 경우
③ 제3자에게 전달한 후 원래 수령인에게 받은 사람을 미통지한 경우
④ 집하 부주의, 터미널 오분류로 터미널 오착 및 잔류되는 경우

● Advice ② 분실사고의 원인에 해당한다.
　※ 지연배달사고의 원인
　　㉠ 사전에 배송연락 미실시로 제3자가 수취한 후 전달이 늦어지는 경우
　　㉡ 당일 배송되지 않는 화물에 대한 관리가 미흡한 경우
　　㉢ 제3자에게 전달한 후 원래 수령인에게 받은 사람을 미통지한 경우
　　㉣ 집하 부주의, 터미널 오분류로 터미널 오착 및 잔류되는 경우

10 화물 분실사고의 원인으로 옳지 않은 것은?

① 수령인이 없을 때 임의장소에 두고 간 후 미확인한 경우
② 대량화물을 취급할 때 수량 미확인 및 송장이 2개 부착된 화물을 집하한 경우
③ 집배송을 위해 차량을 이석하였을 때 차량 내 화물이 도난당한 경우
④ 화물을 인계할 때 인수자 확인이 부실한 경우

● Advice ① 오배달사고의 원인에 해당한다.
　※ 오배달사고의 원인
　　㉠ 수령인이 없을 때 임의장소에 두고 간 후 미확인한 경우
　　㉡ 수령인의 신분 확인 없이 화물을 인계한 경우

11 화물의 파손사고 대책에 대한 설명으로 옳지 않은 것은?

① 집하할 때 고객에게 내용물에 관한 정보를 충분히 듣고 포장상태를 확인한다.
② 인계할 때 인수자 확인은 반드시 인수자가 직접 서명하도록 한다.
③ 사고위험이 있는 물품은 안전박스에 적재하거나 별도 적재 관리한다.
④ 충격에 약한 화물은 보강포장 및 특기사항으로 표기해 둔다.

● Advice ② 분실사고 대책에 대한 설명이다.
　※ 파손사고 대책
　　㉠ 집하할 때 고객에게 내용물에 관한 정보를 충분히 듣고 포장상태를 확인한다.
　　㉡ 가까운 거리 또는 가벼운 화물이라도 절대 함부로 취급하지 않는다.
　　㉢ 사고위험이 있는 물품은 안전박스에 적재하거나 별도 적재 관리한다.
　　㉣ 충격에 약한 화물은 보강포장 및 특기사항을 표기해 준다.

06 화물자동차의 종류

1 다음 중 화물자동차의 종류로 볼 수 없는 것은?

① 덤프형　　② 구난형
③ 밴형　　　④ 일반형

● Advice ② 특수자동차에 해당한다.
　※ 화물자동차의 종류
　　㉠ **일반형**: 보통의 화물운송용인 것
　　㉡ **덤프형**: 적재함을 원동기의 힘으로 기울여 적재물을 중력에 의하여 쉽게 미끄러뜨리는 구조의 화물운송용인 것
　　㉢ **밴형**: 지붕구조의 덮개가 있는 화물운송용인 것
　　㉣ **특수용도형**: 특정한 용도를 위하여 특수한 구조로 하거나, 기구를 장치한 것으로서 위 어느 형에도 속하지 아니하는 화물운송용인 것

정답　9.② 10.① 11.② / 1.②

2 특별한 목적을 위하여 보디를 특수한 것으로 하고, 또는 특수한 기구를 갖추고 있는 특수 자동차에 해당하지 않는 것은?

① 선전자동차   ② 구급차
③ 냉장차   ④ 냉동차

• Advice ④ 냉동차는 특장차에 해당한다.
①②③ 특용차에 해당한다.

3 다음 중 그 종류가 다른 하나는?

① 쓰레기 운반차
② 크레인붙이트럭
③ 믹서 자동차
④ 위생 자동차

• Advice ① 특수한 작업 전용 차량에 해당한다.
②③④ 특장차에 해당한다.

4 차에 실은 화물의 쌓아 내림용 크레인을 갖춘 특수 장비 자동차는?

① 픽업
② 레커차
③ 트럭 크레인
④ 크레인붙이트럭

• Advice ① 화물실의 지붕이 없고 옆판이 운전대와 일체로 되어 있는 화물자동차
② 크레인 등을 갖추고 고장차의 앞 또는 뒤를 매달아 올려서 수송하는 특수 장비 자동차
③ 크레인을 갖추고 크레인 작업을 하는 특수 장비 자동차. 다만, 레커차는 제외

5 시멘트, 골재, 물을 드럼 내에서 혼합 반죽하여 콘크리트로 하는 특수 장비 자동차로 생 콘크리트를 교반하면서 수송하는 것은?

① 덤프차   ② 애지테이터
③ 탱크차   ④ 밴

• Advice ① 화물대를 기울여 적재물을 중력으로 쉽게 미끄러지게 내리는 구조의 특수 장비 자동차
③ 탱크모양의 용기와 펌프 등을 갖추고 오로지 물, 휘발유와 같은 액체를 수송하는 특수 장비차
④ 상자형 화물실을 갖추고 있는 트럭

6 트레일러의 종류로 볼 수 없는 것은?

① 풀 트레일러   ② 세미 트레일러
③ 돌리   ④ 애지테이터

• Advice 트레일러의 종류
㉠ 풀 트레일러
㉡ 세미 트레일러
㉢ 폴 트레일러
㉣ 돌리

7 세미 트레일러와 조합해서 풀 트레일러로 하기 위한 견인구를 갖춘 대차를 무엇이라 하는가?

① 풀 트레일러   ② 세미 트레일러
③ 폴 트레일러   ④ 돌리

• Advice ① 트랙터와 트레일러가 완전히 분리되어 있고 트랙터 자체도 적재함을 가지고 있는 구조의 트레일러
② 트랙터에 연결하여 총 하중의 일부분이 견인하는 자동차에 의해서 지탱되도록 설계된 트레일러
③ 장척의 적하물 자체가 트랙터와 트레일러의 연결부분을 구성하는 구조의 트레일러

정답 2.④ 3.① 4.④ 5.② 6.④ 7.④

8 트레일러의 장점으로 보기 어려운 것은?

① 트랙터와 트레일러의 분리가 가능하기 때문에 트레일러가 적화 및 하역을 위해 체류하고 있는 중이라도 트랙터 부분을 사용할 수 있으므로 회전율을 높일 수 있다.
② 자동차의 차량총중량은 20톤으로 제한되어 있으나, 화물자동차 및 특수자동차의 경우 차량총중량은 40톤이다.
③ 트레일러를 별도로 분리하여 화물을 적재하거나 하역할 수 있다.
④ 트랙터 1대로 1대의 트레일러만을 운영할 수 있으므로 트랙터와 운전사의 이용효율을 높일 수 없다.

● Advice 트랙터 1대로 복수의 트레일러를 운영할 수 있으므로 트랙터와 운전사의 이용효율을 높일 수 있다.

9 트레일러 자체의 구조 형상에 따른 분류에 해당하지 않는 것은?

① 평상식
② 저상식
③ 고상식
④ 밴 트레일러

● Advice 트레일러 자체의 구조 형상에 따른 분류
 ㉠ 평상식
 ㉡ 저상식
 ㉢ 중저상식
 ㉣ 스케레탈 트레일러
 ㉤ 밴 트레일러
 ㉥ 오픈 탑 트레일러
 ㉦ 특수용도 트레일러

10 1대의 모터 비이클에 1대 또는 그 이상의 트레일러를 결합시킨 것을 무엇이라 하는가?

① 연결차량
② 블록차량
③ 특장차량
④ 카고차량

● Advice 연결차량 … 1대의 모터 비이클에 1대 또는 그 이상의 트레일러를 결합시킨 것으로 통상 트레일러 트럭이라고 한다.

11 풀 트레일러의 장점으로 보기 어려운 것은?

① 일반 트럭에 비해 적재량을 늘릴 수 있다.
② 트랙터 한 대에 트레일러 두 세대를 달 수 있어 트랙터와 운전사의 효율적 운용을 도모할 수 있다.
③ 트랙터와 트레일러에 각기 다른 발송지별 또는 품목별 화물을 수송할 수 있게 되어 있다.
④ 발착지에서의 트레일러 탈착이 용이하고 공간을 적게 차지하며 후진이 용이하다.

● Advice ④ 세미 트레일러 연결차량에 대한 설명이다.

12 다음에서 그 분류가 다른 하나는?

① 덤프트럭　　② 벌크차량
③ 액체 수송차　④ 카고트럭

● Advice ①②③ 전용 특장차

정답 8.④ 9.③ 10.① 11.④ 12.④

13 시멘트, 사료, 곡물, 화학제품, 식품 등 분립체를 자루에 담지 않고 실물상태로 운반하는 차량을 무엇이라 하는가?

① 덤프트럭
② 믹서차량
③ 벌크차량
④ 액체 수송차

> **Advice** 벌크차량 … 시멘트, 사료, 곡물, 화학제품, 식품 등 분립체를 자루에 담지 않고 실물상태로 운반하는 차량을 말한다. 하대는 밀폐형 탱크 구조로서 상부에서 적재하고 스크루식, 공기압송식, 덤프식 또는 이들을 병용하여 배출한다. 이 차량은 적재물에 따라 시멘트 수송차, 사료 운반차 등으로 불린다. 물류면에서 포장의 생략, 하역의 기계화라는 관점에서 합리적인 차량이다.

14 화물을 싣거나 내릴 때 발생하는 하역을 합리화하는 설비기기를 차량 자체에 장비하고 있는 차를 지칭하는 것은?

① 액체 수송차
② 카고 트럭
③ 행거차
④ 합리화 특장차

> **Advice** 합리화 특장차 … 화물을 싣거나 내릴 때 발생하는 하역을 합리화하는 설비기기를 차량 자체에 장비하고 있는 차를 말한다. 합리화란 노동력의 절감, 신속한 적재하차, 화물의 품질유지, 기계화에 의한 하역코스트 절감방법 중 하나 이상을 목적으로 한 것인데, 그 중심은 적재하차의 합리화에 있다. 합리화 특장차는 차량 내부의 하역 합리화를 주목적으로 하는 실내 하역기기 장비차, 측면에서 파렛트 등, 롯트(lot) 단위로 짐을 부릴 수 있게 하는 측방 개폐차, 짐부리기 합리화차(쌓기 · 부리기 합리화차) 및 보디를 트랙터에 붙였다 떼었다 할 수 있는 시스템 차량의 4종류로 분류된다.

15 화물에 시트를 치거나 로프를 거는 작업을 합리화하고, 동시에 포크리프트에 의해 짐부리기를 간이화할 목적으로 개발된 차량은?

① 실내하역기기 장비차
② 측방 개폐차
③ 쌓기 · 부리기 합리화차
④ 시스템 차량

> **Advice** ① 적재함 바닥면에 롤러컨베이어, 로더용레일, 파렛트 이동용의 파렛트 슬라이더 또는 컨베이어 등을 장치함으로써 적재함 하역의 합리화를 도모하고 있다.
> ③ 리프트게이트, 크레인 등을 장비하고 쌓기 · 내리기 작업의 합리화를 위한 차량이다.
> ④ 트레일러 방식의 소형트럭을 가리키며 CB(Changeable body)차 또는 탈착 보디차를 말한다.

07 화물운송의 책임한계

1 이사화물 표준약관에 따른 사업자가 이사화물의 인수를 거절할 수 있는 물건이 아닌 것은?

① 현금
② 미술품
③ 골동품
④ 화장품

> **Advice** 사업자가 인수 거절을 할 수 있는 물품
> ㉠ 현금, 유가증권, 귀금속, 예금통장, 신용카드, 인감 등 고객이 휴대할 수 있는 귀중품
> ㉡ 위험물, 불결한 물품 등 다른 화물에 손해를 끼칠 염려가 있는 물건
> ㉢ 동식물, 미술품, 공동품 등 운송에 특수한 관리를 요하기 때문에 다른 화물과 동시에 운송하기에 적합하지 않은 물건
> ㉣ 일반이사화물의 종류, 무게, 부피, 운송거리 등에 따라 운송에 적합하도록 포장할 것을 사업자가 요청하였으나 고객이 이를 거절한 물건

정답 13.③ 14.④ 15.② / 1.④

2 이사화물 표준약관 규정에 따라 사업자의 책임 있는 사유로 인해 계약을 해제한 경우 고객에게 지급해야 할 손해배상액에 대한 내용으로 옳지 않은 것은?

① 사업자가 약정된 이사화물의 인수일 2일전까지 해제를 통지한 경우 – 계약금의 배액
② 사업자가 약정된 이사화물의 인수일 1일전까지 해제를 통지한 경우 – 계약금의 4배액
③ 사업자가 약정된 이사화물의 인수일 당일에 해제를 통지한 경우 – 계약금의 8배액
④ 사업자가 약정된 이사화물의 인수일 당일에도 해제를 통지하지 않은 경우 – 계약금의 10배액

● Advice ③ 사업자가 약정된 이사화물의 인수일 당일에 해제를 통지한 경우 – 계약금의 6배액

3 이사화물 표준약관에 따른 고객의 손해배상액을 계산하는 공식으로 옳은 것은?

① 연착 시간 수 × 계약금 × $\frac{1}{2}$
② 지체 시간 수 × 계약금 × $\frac{1}{2}$
③ 연착 시간 수 × 계약금 × 2
④ 지체 시간 수 × 계약금 × 2

● Advice 고객의 책임 있는 사유로 이사화물의 인수가 지체된 경우에는 고객은 약정된 인수일시로부터 지체된 1시간마다 계약금의 반액을 곱한 금액(지체 시간 수 × 계약금 × $\frac{1}{2}$)을 손해배상액으로 사업자에게 지급하여야 한다. 다만, 계약금의 배액을 한도로 하며, 지체시간 수의 계산에서 1시간 미만의 시간은 산입하지 않는다.

4 이사화물 표준약관에 따른 사업자의 면책사유에 해당하지 않는 것은?

① 이사화물의 결함
② 이사화물의 성질에 의한 폭발
③ 이사화물의 일부 멸실
④ 천재지변

● Advice 사업자의 면책사유
㉠ 이사화물의 결함, 자연적 소모
㉡ 이사화물의 성질에 의한 발화, 폭발, 물그러짐, 곰팡이 발생, 부패, 변색 등
㉢ 법령 또는 공권력의 발동에 의한 운송의 금지, 개봉, 몰수, 압류 또는 제3자에 대한 인도
㉣ 천재지변 등 불가항력적인 사유

5 택배표준약관에 따른 운송장에 인도예정일의 기재가 없는 경우 일반지역의 인도예정일은?

① 1일   ② 2일
③ 3일   ④ 4일

● Advice 운송장에 인도예정일의 기재가 없는 경우 운송장에 기재된 운송물의 수탁일로부터 인도예정 장소에 따라 다음 일수에 해당하는 날을 인도일로 한다.
㉠ 일반 지역 : 2일
㉡ 도서, 산간벽지 : 3일

6 택배표준약관상 사업자가 운송물의 일부 멸실 또는 훼손의 사실을 알면서 이를 숨기고 운송물을 인도한 경우 사업자의 손해배상책임기간은?

① 1년   ② 3년
③ 5년   ④ 7년

● Advice 사업자 또는 그 사용인이 운송물의 일부 멸실 또는 훼손의 사실을 알면서 이를 숨기고 운송물을 인도한 경우에는 사업자의 손해배상책임은 수하인이 운송물을 수령한 날로부터 5년간 존속한다.

정답 ▶ 2.③ 3.② 4.③ 5.② 6.③

7 이사화물 표준약관에 따른 손해배상에 대한 설명으로 옳지 않은 것은?

① 사업자는 자기 또는 사용인 기타 이사화물의 운송을 위하여 사용한 자가 이사화물의 포장, 운송, 보관, 정리 등에 관하여 주의를 게을리 하지 않았음을 증명하지 못하는 한 고객에 대하여 이사화물의 멸실, 훼손, 연착으로 인한 손해를 배상할 책임을 진다.
② 이사화물이 연착되지 않고 일부 멸실된 경우 약정된 인도일과 도착장소에서의 이사화물의 가액을 기준으로 산정한 손해액을 지급하여야 한다.
③ 이사화물이 연착되고 일부 멸실된 경우 계약금의 5배액 한도에서 약정된 인도일시로부터 연착된 1시간마다 계약금의 반액을 곱한 금액을 지급하여야 한다.
④ 이사화물의 멸실, 훼손 또는 연착이 사업자 또는 그의 사용인 등의 고의 또는 중대한 과실로 인하여 발생한 때 또는 고객이 이사화물의 멸실, 훼손 또는 연착으로 인하여 실제 발생한 손해액을 입증한 경우에는 사업자는 민법의 규정에 따라 그 손해를 배상하여야 한다.

● Advice 이사화물이 연착된 경우 손해배상
  ㉠ 멸실 및 훼손되지 않은 경우 : 계약금의 10배액 한도에서 약정된 인도일시로부터 연착된 1시간마다 계약금의 반액을 곱한 금액의 지급
  ㉡ 일부 멸실된 경우
    • 약정된 인도일과 도착장소에서의 이사화물의 가액을 기준으로 산정한 손해액 지급
    • 계약금 10배액 한도에서 약정된 인도일시로부터 연착된 1시간마다 계약금의 반액을 곱한 금액의 지급
  ㉢ 훼손된 경우
    • 수선이 가능한 경우에는 수선해 주고, 계약금 10배액 한도에서 약정된 인도일시로부터 연착된 1시간마다 계약금의 반액을 곱한 금액의 지급
    • 수선이 불가능한 경우 계약금 10배액 한도에서 약정된 인도일시로부터 연착된 1시간마다 계약금의 반액을 곱한 금액의 지급하거나 약정된 인도일과 도착장소에서의 이사화물의 가액을 기준으로 산정한 손해액의 지급

8 택배표준약관에 따라 사업자가 운송의 수탁을 거절할 수 있는 사유로 보기 어려운 것은?

① 고객이 운송장에 필요한 사항을 기재하지 아니한 경우
② 운송물의 인도예정일에 따른 운송이 가능한 경우
③ 고객이 확인을 거절하거나 운송물의 종류와 수량이 운송장에 기재된 것과 다른 경우
④ 운송물 1포장의 가액이 300만 원을 초과하는 경우

● Advice 택배표준약관에 따른 사업자의 수탁거절 사유
  ㉠ 고객이 운송장에 필요한 사항을 기재하지 아니한 경우
  ㉡ 고객이 청구나 승낙을 거절하여 운송에 적합한 포장이 되지 않은 경우
  ㉢ 고객이 확인을 거절하거나 운송물의 종류와 수량이 운송장에 기재된 것과 다른 경우
  ㉣ 운송물 1포장의 크기가 가로·세로·높이 세변의 합이 ( )cm를 초과하거나, 최장변이 ( )cm를 초과하는 경우
  ㉤ 운송물 1포장의 무게가 ( )kg를 초과하는 경우
  ㉥ 운송물 1포장의 가액이 300만 원을 초과하는 경우
  ㉦ 운송물의 인도예정일(시)에 따른 운송이 불가능한 경우
  ㉧ 운송물이 화약류, 인화물질 등 위험한 물건인 경우
  ㉨ 운송물이 밀수품, 군수품, 부정임산물 등 위법한 물건인 경우
  ㉩ 운송물이 현금, 카드, 어음, 수표, 유가증권 등 현금화가 가능한 물건인 경우
  ㉪ 운송물이 재생불가능한 계약서, 원고, 서류 등인 경우
  ㉫ 운송물이 살아있는 동물, 동물사체 등인 경우
  ㉬ 운송이 법령, 사회질서, 기타 선량한 풍속에 반하는 경우
  ㉭ 운송이 천재지변, 기타 불가항력적인 사유로 불가능한 경우

정답 ▶ 7.③ 8.②

9 택배표준약관상 운송장에 고객이 운송물의 가액을 기재한 경우 사업자의 손해배상책임에 대한 설명으로 옳지 않은 것은?

① 전부 멸실된 경우 - 운송장에 기재된 운송물의 가액을 기준으로 산정한 손해액의 지급
② 수선이 불가능하게 훼손된 경우 - 최대한 수선을 하여주던지 또는 수선비를 지급
③ 연착되고 일부가 멸실되지 않은 일반적인 경우 - 인도예정일을 초과한 일수에 사업자가 운송장에 기재한 운임액의 50%를 곱한 금액의 지급
④ 연착되고 일부가 멸실된 경우 - 운송장에 기재된 운송물의 가액을 기준으로 산정한 손해액의 지급

● Advice 수선이 불가능하게 훼손된 경우 - 운송장에 기재된 운송물의 가액을 기준으로 산정한 손해액의 지급

10 택배표준약관상 사업자의 손해배상책임이 소멸하는 기간은?

① 수하인이 운송물을 수령한 날로부터 6개월
② 수하인이 운송물을 수령한 날로부터 10개월
③ 수하인이 운송물을 수령한 날로부터 12개월
④ 수하인이 운송물을 수령한 날로부터 24개월

● Advice 운송물의 일부 멸실, 훼손 또는 연착에 대한 사업자의 손해배상책임은 수하인이 운송물을 수령한 날로부터 1년이 경과하면 소멸한다. 다만, 운송물이 전부 멸실된 경우에는 그 인도예정일로부터 기산한다.

11 택배표준약관에 대한 설명으로 옳지 않은 것은?

① 사업자는 운송물의 인도시 수하인으로부터 인도확인을 받아야 하며, 수하인의 대리인에게 운송물을 인도하였을 경우에는 수하인에게 그 사실을 통보하여야 한다.
② 사업자는 수하인의 부재로 인하여 운송물을 인도할 수 없는 경우에는 수하인에게 운송물을 인도하고자 한 일시, 사업자의 명칭, 문의할 전화번호, 기타 운송물의 인도에 필요한 사항을 기재한 서면으로 통지한 후 사업소에 운송물을 보관하여야 한다.
③ 사업자는 수하인이 특정 일시에 사용할 운송물을 수탁한 경우에는 운송장에 기재된 인도예정일 후 최대 2일까지 운송물을 인도하여야 한다.
④ 사업자는 운송장에 인도예정일의 기재가 있는 경우에는 그 기재된 날까지 운송물을 인도하여야 한다.

● Advice 사업자는 수하인이 특정 일시에 사용할 운송물을 수탁한 경우에는 운송장에 기재된 인도예정일의 특정 시간까지 운송물을 인도하여야 한다.

12 택배표준약관상 고객이 운송장에 운송물의 가액을 기재하지 않은 경우 사업자의 손해배상한도액은?

① 10만 원   ② 30만 원
③ 50만 원   ④ 100만 원

● Advice 고객이 운송장에 운송물의 가액을 기재하지 않은 경우에는 사업자의 손해배상한도액은 50만 원으로 한다.

정답 9.② 10.③ 11.③ 12.③

03 안전운행

01 교통사고의 요인 및 운전의 특성

1 교통사고의 3대 요인에 해당하지 않는 것은?

① 인적요인
② 차량요인
③ 도로·환경요인
④ 수적요인

● Advice 교통사고의 3대 요인
㉠ 인적요인
㉡ 차량요인
㉢ 도로·환경요인

2 다음 중 교통사고의 요인 중 인적요인에 해당하지 않는 것은?

① 운전습관
② 위험의 인지와 회피에 대한 판단
③ 도로의 안전시설
④ 운전자의 신체적 조건

● Advice 인적요인
㉠ 운전자 또는 보행자의 신체적·생리적 조건
㉡ 위험의 인지와 회피에 대한 판단
㉢ 심리적 조건
㉣ 운전자의 적성과 자질
㉤ 운전습관
㉥ 내적태도

3 다음 중 교통사고의 요인 중 환경요인에 해당하지 않는 것은?

① 자연환경
② 내적환경
③ 사회환경
④ 구조환경

● Advice 환경요인
㉠ **자연환경** : 기상, 일광 등 자연조건
㉡ **교통환경** : 차량 교통량, 운행차 구성 보행자 교통량 등
㉢ **사회환경** : 일반국민·운전자·보행자 등의 교통도덕, 정부의 교통정책, 교통단속과 형사처벌 등
㉣ **구조환경** : 교통여건변화, 차량점검 및 정비관리자와 운전자의 책임한계 등

4 운전과 관련되는 시각의 특성에 대한 내용으로 옳지 않은 것은?

① 운전자는 운전에 필요한 정보의 대부분을 시각을 통하여 획득한다.
② 속도가 빨라질수록 시력은 떨어진다.
③ 속도가 빨라질수록 시야의 범위가 넓어진다.
④ 속도가 빨라질수록 전방주시점은 멀어진다.

● Advice 속도가 빨라질수록 시야의 범위는 좁아진다.

정답 ▶ 1.④ 2.③ 3.② 4.③

5 도로교통법상 제1종 운전면허에 필요한 시력은 얼마인가?

① 두 눈을 동시에 뜨고 잰 시력이 0.5 이상
② 두 눈을 동시에 뜨고 잰 시력이 0.6 이상
③ 두 눈을 동시에 뜨고 잰 시력이 0.7 이상
④ 두 눈을 동시에 뜨고 잰 시력이 0.8 이상

● Advice 제1종 운전면허에 필요한 시력은 두 눈을 동시에 뜨고 잰 시력이 0.8 이상, 양쪽 눈의 시력이 각각 0.5 이상이어야 한다.

6 도로교통법상 운전면허의 시력측정시 구별하여야 할 색상이 아닌 것은?

① 붉은색
② 녹색
③ 검정색
④ 노란색

● Advice 붉은색, 녹색 및 노란색을 구별할 수 있어야 한다.

7 움직이는 물체 또는 움직이면서 다른 자동차나 사람 등의 물체를 보는 시력은?

① 정지시력
② 동체시력
③ 야간시력
④ 주간시력

● Advice 동체시력 … 움직이는 물체(자동차, 사람 등) 또는 움직이면서(운전하면서) 다른 자동차나 사람 등의 물체를 보는 시력을 말한다.

8 야간운전시 주의사항으로 옳지 않은 것은?

① 운전자가 눈으로 확인할 수 있는 시야의 범위가 좁아진다.
② 마주 오는 차의 전조등 불빛에 현혹되는 경우 물체식별이 어려워진다.
③ 전방이나 좌우 확인이 어려운 신호등 없는 교차로나 커브길 진입 직전에는 전조등으로 자기 차가 진입하고 있음을 알려 사고를 방지하여야 한다.
④ 보행자와 자동차의 통행이 빈번한 도로에서는 항상 전조등의 방향을 상향으로 하여 운행하여야 한다.

● Advice ④ 보행자와 자동차의 통행이 빈번한 도로에서는 항상 전조등의 방향을 하향으로 하여 운행하여야 한다.

9 일광 또는 조명이 밝은 조건에서 어두운 조건으로 변할 때 사람의 눈이 그 상황에 적응하여 시력을 회복하는 것을 무엇이라 하는가?

① 명순응
② 암순응
③ 심시력
④ 심경각

● Advice ① 일광 또는 조명이 어두운 조건에서 밝은 조건으로 변할 때 사람의 눈이 그 상황에 적응하여 시력을 회복하는 것
③ 심경각에 의한 기능을 통한 시력
④ 전방에 있는 대상물까지의 거리를 목측하는 것

정답 5.④ 6.③ 7.② 8.④ 9.②

10 정상적인 시력을 가진 사람의 시야범위는 얼마인가?

① 90°~180°
② 180°~200°
③ 200°~220°
④ 180°~240°

● Advice 정상적인 시력을 가진 사람의 시야범위는 180°~200°이다.

11 교통사고의 요인을 바르게 나열한 것은?

① 간접적 요인, 중간적 요인, 직접적 요인
② 결과적 요인, 중간적 요인, 직접적 요인
③ 직접적 요인, 간접적 요인, 사고유발 요인
④ 인명요인, 사고요인, 물자요인

● Advice 교통사고의 요인은 간접적 요인, 중간적 요인, 직접적 요인 등 3가지로 구분한다.

12 교통사고의 요인 중 음주운전과 가장 관계가 깊은 것은?

① 간접적 요인   ② 중간적 요인
③ 직접적 요인   ④ 필연적 요인

● Advice 중간적 요인 … 운전자의 지능, 운전자 성격, 운전자 심신기능, 불량한 운전태도, 음주 및 과로 등

13 교통사고를 유발한 운전자의 특성으로 보기 어려운 것은?

① 선천적 능력의 부족
② 후천적 능력의 부족
③ 사회적 태도의 결여
④ 안정된 생활환경

● Advice 교통사고 유발 운전자의 특성
㉠ 선천적 능력(타고난 심신기능의 특성) 부족
㉡ 후천적 능력(학습에 의해서 습득한 운전에 관계되는 지식과 기능) 부족
㉢ 바람직한 동기와 사회적 태도(각양의 운전상태에 대하여 인지, 판단, 조작하는 태도) 결여
㉣ 불안정한 생활환경

14 큰 물건들 가운데 있는 작은 물건은 작은 물건들 가운데 있는 같은 물건보다 작아 보이는 현상은?

① 크기의 착각
② 원근의 착각
③ 상반의 착각
④ 경사의 착각

● Advice ① 어두운 곳에서는 가로 폭보다 세로 폭을 보다 넓은 것으로 판단한다.
② 작은 것은 멀리 있는 것 같이, 덜 밝은 것은 멀리 있는 것으로 느껴진다.
④ 작은 경사는 실제보다 작게, 큰 경사는 실제보다 크게 보인다.

정답 10.② 11.① 12.② 13.④ 14.③

15 교통사고의 심리적 요인 중 예측의 실수에 해당하지 않는 것은?

① 감정이 격양된 경우
② 고민거리가 있는 경우
③ 시간에 쫓기는 경우
④ 불량한 운전태도를 가진 경우

● Advice 예측의 실수
　　㉠ 감정이 격양된 경우
　　㉡ 고민거리가 있는 경우
　　㉢ 시간에 쫓기는 경우

16 피로의 진행과정에 대한 내용으로 옳지 않은 것은?

① 피로의 정조가 지나치면 과로가 되고 정상적인 운전이 곤란해진다.
② 피로 또는 과로 상태에서는 졸음운전이 발생될 수 있고 이는 교통사고로 이어질 수 있다.
③ 연속운전은 만성피로를 낳게 한다.
④ 매일 시간상 또는 거리상으로 일정 수준 이상의 무리한 운전을 하면 만성피로를 초래한다.

● Advice 연속운전은 일시적으로 급성피로를 낳게 한다.

17 운전피로에 대한 설명으로 옳지 않은 것은?

① 피로의 증상은 전신에 걸쳐 나타나고 이는 대뇌의 피로를 불러온다.
② 피로는 운적작업의 생략이나 착오가 발생할 수 있다는 위험신호이다.
③ 운전피로는 휴식으로 회복되나 정신적, 심리적 피로는 신체적 부담에 의한 일반적 피로보다 회복시간이 짧다.
④ 운전피로는 수면·생활환경 등 생활요인, 차내환경·차외환경·운행조건 등 운전작업 중의 요인, 신체조건·경험조건·연령조건·성별조건·성격·질병 등의 운전자 요인 등 3요인으로 구성된다.

● Advice ③ 운전피로는 휴식으로 회복되나 정신적, 심리적 피로는 신체적 부담에 의한 일반적 피로보다 회복시간이 길다.

18 운전착오에 대한 설명으로 옳지 않은 것은?

① 운전시간의 경과와 더불어 운전피로가 증가하여 작업타이밍의 불균형을 초래한다. 이는 운전기능, 판단착오, 작업단절 현상을 초래하는 잠재적 사고로 볼 수 있다.
② 운전착오는 정오에서 저녁 사이에 많이 발생한다.
③ 운전피로에 정서적 부조나 신체적 부조가 가중되면 조잡하고 난폭하며 방만한 운전을 하게 된다.
④ 피로가 쌓이면 졸음상태가 되어 차외, 차내의 정보를 효과적으로 입수하지 못한다.

● Advice 운전착오는 심야에서 새벽 사이에 많이 발생한다. 각성수준의 저하, 졸음과 관련된다.

정답 15.④ 16.③ 17.③ 18.②

19 보행자 사고의 요인 중 교통정보 인지결함의 원인에 대한 내용으로 옳지 않은 것은?

① 술에 많이 취해 있다.
② 등교 또는 출근시간 때문에 급하게 서둘러 걷고 있다.
③ 충분히 건널 수 있을 거라는 판단을 하였다.
④ 동행자와 이야기에 열중하거나 놀이에 열중했다.

● Advice ③ 비횡단보도의 횡단보행자의 심리에 해당한다.
※ 보행자 사고의 교통정보 인지결함의 원인
㉠ 술에 많이 취해 있었다.
㉡ 등교 또는 출근시간 때문에 급하게 서둘러 걷고 있었다.
㉢ 횡단 중 한쪽 방향에만 주의를 기울였다.
㉣ 동행자와 이야기에 열중했거나 놀이에 열중했다.
㉤ 피곤한 상태여서 주의력이 저하되었다.
㉥ 다른 생각을 하면서 보행하고 있었다.

20 음주운전 교통사고의 특징에 대한 내용으로 옳지 않은 것은?

① 주차 중인 자동차와 같은 정지물체 등에 충돌할 가능성이 높다.
② 전신주, 가로시설물, 가로수 등과 같은 고정물체와 충돌할 가능성이 높다.
③ 대향차의 전조등에 의한 현혹 현상 발생 시 정상운전보다 교통사고 위험이 증가된다.
④ 차량 대 차량 접촉사고의 가능성이 높다.

● Advice 음주운전 교통사고의 특징
㉠ 주차 중인 자동차와 같은 정지물체 등에 충돌할 가능성이 높다.
㉡ 전신주, 가로시설물, 가로수 등과 같은 고정물체와 충돌할 가능성이 높다.
㉢ 대향차의 전조등에 의한 현혹 현상 발생 시 정상운전보다 교통사고 위험이 증가된다.
㉣ 음주운전에 의한 교통사고가 발생하면 치사율이 높다.
㉤ 차량단독사고의 가능성이 높다.

21 신체적·육체적으로 변화기에 있는 사람, 심리적인 면에서 개성의 기능이 감퇴되고 있는 사람, 사회적인 변화에 따라 사회적인 관계가 과거에 속해 있는 사람이라고 정의되는 사람은?

① 노인
② 고령자
③ 개인
④ 장년층

● Advice Leonard E. Breen의 고령자에 대한 정의이다.
※ 노인의 정의
㉠ 노인복지학 측면의 노인의 정의 : 신체적·정신적 측면에서의 상실현상을 겪고 있는 65세 이상인 사람
㉡ 서병숙의 노인의 정의 : 노화에 따라 신체적, 정신적 노쇠와 사회적 역할의 감소로 신체적으로는 의존적인 성향이 되는 반면, 사회·문화적으로는 연장자로서의 권위를 갖는 사람
㉢ 김수영의 노인의 정의 : 인생의 마지막 단계에서 신체적·정신적 기능이 쇠퇴하고 사회적 역할이 감소되며, 이에 따라 경제 및 사회·문화적 요인의 복합적인 작용에 의해서 생활기능을 정상적으로 발휘할 수 없는 사람
㉣ 최성재·장인협의 노인의 정의 : 생리적·신체적 기능의 퇴화와 더불어 심리적인 변화가 일어나서 개인의 자기유지 기능과 사회적 역할 기능이 약화되고 있는 사람

22 고령 운전자의 운전특성으로 보기 어려운 것은?

① 고령 운전자는 젊은 층에 비해 상대적으로 신중하다.
② 고령 운전자는 젊은 층에 비해 상대적으로 과속을 많이 한다.
③ 고령 운전자는 젊은 층에 비해 반사신경이 둔하다.
④ 고령 운전자는 젊은 층에 비해 돌발사태기 대응력이 미흡하다.

● Advice ② 고령 운전자는 젊은 층에 비해 상대적으로 과속을 하지 않는다.

정답 ▶ 19.③ 20.④ 21.② 22.②

23 다음 내용 중 분류가 다른 하나는?

① 신체적·정신적 측면에서의 상실현상을 겪고 있는 65세 이상인 사람
② 노화에 따라 신체적, 정신적 노쇠와 사회적 역할의 감소로 신체적으로는 의존적인 성향이 되는 반면, 사회·문화적으로는 연장자로서의 권위를 갖는 사람
③ 인생의 마지막 단계에서 신체적·정신적 기능이 쇠퇴하고 사회적 역할이 감소되며, 이에 따라 경제 및 사회·문화적 요인의 복합적인 작용에 의해서 생활기능을 정상적으로 발휘할 수 없는 사람
④ 신체적·육체적으로 변화기에 있는 사람, 심리적인 면에서 개성의 기능이 감퇴되고 있는 사람, 사회적인 변화에 따라 사회적인 관계가 과거에 속해 있는 사람

● Advice ①②③ 노인의 정의
④ 고령자의 정의

24 고령보행자의 보행행동 특성에 대한 설명으로 옳지 않은 것은?

① 뒤에서 오는 차의 접근에도 주의를 기울이지 않거나 경음기를 울려도 반응을 보이지 않는 경향이 증가한다.
② 이면도로 등에서 도로의 노면표시가 없으면 도로 중앙부로 걷는 경향으로 보이며, 보행 궤적이 흔들거리며 보행중에 사선횡단을 하기도 한다.
③ 고령자들은 보행 시 정면만을 주시하면서 걷는 경향이 있다.
④ 정면에서 오는 차량 등을 회피할 수 있는 여력을 갖지 못하며, 소리 나는 방향을 주시하지 않는 경향이 있다.

● Advice 고령자들은 보행 시 상점이나 포스터를 보면서 걷는 경향이 있다.

25 고령자의 특성에 대한 설명으로 옳지 않은 것은?

① 색채지각이 손실되어 색 구분이 어렵다.
② 움직임 탐지능력의 쇠퇴로 속도변화에 따른 인지적 탐지가 어렵다.
③ 2~3개의 연속적 행동시 대처반응이 저하된다.
④ 입력된 정보의 두뇌에서 처리하는 인지반응 시간이 감소한다.

● Advice 고령자의 정신적 특성
㉠ 입력된 정보의 두뇌에서 처리하는 인지반응시간의 증가
㉡ 연속제공정보에서 중요한 정보에 집중하는 능력인 선택적 주의력 감소, 여러 가지 일을 동시에 수행·처리하는 다중적 주의력 감소
㉢ 기억력, 지각, 문제해결력 장애

정답 ▶ 23.④ 24.③ 25.④

26 어린이 교통사고의 특징에 대한 설명으로 옳지 않은 것은?

① 어릴수록, 학년이 낮을수록 교통사고 발생 위험률이 높다.
② 보행 중 교통사고를 당하여 사망하는 비율이 가장 높다.
③ 오후 4시에서 6시 사이에 어린이 보행 사상자가 가장 많다.
④ 백화점, 마트 주변 등 차량의 통행이 많은 곳에서 주로 발생한다.

● Advice 어린이 교통사고 보행 중 사상자는 집이나 학교 근처 등 어린이 통행이 잦은 곳에서 가장 많이 발생한다.

27 어린이의 일반적인 교통행동 특성에 대한 내용으로 옳지 않은 것은?

① 어린이는 여러 사물에 대한 적절한 주의력 배분으로 한 사물에 대한 집중력이 약하다.
② 판단력은 부족하고 어른의 행동에 대한 모방 행동이 많다.
③ 손을 들면 자동차가 멈추어 줄 것이라고 생각하고 행동하는 사물이나 현상을 단순하게 이해하는 경향이 강하다.
④ 어린이는 기분 나는 대로 또는 감정이 변하는 대로 행동하는 등 충동성이 강하므로 자신의 감정을 억제하거나 참아내는 능력이 약하다.

● Advice 어린이는 여러 사물에 적절한 주의를 배분하지 못하고, 한 가지 사물만 집중하는 경향을 보인다.

28 어린이가 승용차에 탑승했을 때의 설명으로 옳지 않은 것은?

① 여름철 차내에 어린이를 혼자 방치하면 탈수현상과 산소부족으로 생명을 잃는 경우가 있으므로 주의하여야 한다.
② 어린이는 제일 먼저 태우고 제일 나중에 내리도록 하며, 문은 스스로 열고 닫도록 한다.
③ 어린이가 차안에 혼자 남아 있으면 차의 시동을 걸거나 각종 장치를 만져 뜻밖의 사고가 생길 수 있으므로 어린이와 같이 차에서 떠나야 한다.
④ 어린이는 반드시 뒷자석에 태우고 도어의 안전잠금장치를 잠근 후 운행한다.

● Advice 어린이가 문을 열고 닫을 때 부주의하여 손가락이나 다리를 다칠 경우도 있고 주위의 다른 차량이나 자전거 등에 부딪칠 경우도 있으므로 반드시 어린이는 제일 먼저 태우고 제일 나중에 내리도록 하며, 문은 어른이 열고 닫아야 안전하다.

정답 ▶ 26.④ 27.① 28.②

02 자동차 요인과 안전운행

1 자동차의 제동장치의 종류로 볼 수 없는 것은?

① 주차 브레이크
② 풋 브레이크
③ 엔진 브레이크
④ 디스크 브레이크

● Advice 제동장치의 종류
㉠ 주차 브레이크
㉡ 풋 브레이크
㉢ 엔진 브레이크
㉣ ABS

2 타이어와 함께 차량의 중량을 지지하고 구동력과 제동력을 지면에 전달하는 역할을 하는 주행장치는?

① 타이어
② 휠
③ 캠버
④ 토우인

● Advice 휠 … 타이어와 함께 차량의 중량을 지지하고 구동력과 제동력을 지면에 전달하는 역할을 한다. 휠은 무게가 가볍고 노면의 충격과 측력에 견딜 수 있는 강성이 있어야 하고 타이어에서 발생하는 열을 흡수하여 대기 중으로 잘 방출시켜야 한다.

3 앞바퀴를 위에서 보았을 때 앞쪽이 뒤쪽보다 좁은 상태를 의미하는 것은?

① 토우인
② +캠버
③ 캐스터
④ -캠버

● Advice ② 자동차를 앞에서 보았을 때, 위쪽이 아래보다 약간 바깥쪽으로 기울어져 있는 상태
③ 자동차를 옆에서 보았을 때, 차축과 연결되는 킹핀의 중심선이 약간 뒤로 기울어진 상태
④ 자동차를 앞에서 보았을 때, 위쪽이 아래보다 약간 안쪽으로 기울어져 있는 상태

4 차량의 무게를 지탱하여 차체가 직접 차축에 얹히지 않도록 해주며 도로 충격을 흡수하여 운전자와 화물에 더욱 유연한 승차를 제공하는 장치는?

① 제동장치
② 주행장치
③ 조향장치
④ 현가장치

● Advice ① 주행하는 자동차를 감속 또는 정지시킴과 동시에 주차 상태를 유지하기 위하여 필요한 장치
② 엔진에서 발생한 동력이 최종적으로 바퀴에 전달되어 자동차가 노면 위를 달리게 되는데, 주행장치는 휠과 타이어가 해당한다.
③ 핸들에 의해 앞바퀴의 방향을 틀어 자동차의 진행방향으로 바꾸는 장치

정답 1.④ 2.② 3.① 4.④

5 자동차 각각의 네 바퀴에 달려있는 감지기를 통해 브레이크를 밟을 때 바퀴가 잠기는 현상을 감지한 뒤 브레이크를 풀어주어 바퀴가 다시 돌도록 한 후 바퀴가 움직이면 다시 브레이크를 작동해 바퀴가 잠기도록 반복하면서 노면의 상태에 따라 자동적으로 제동력을 제어하여 제동 안정성을 보다 높게 확보할 수 있도록 한 제동장치는?

① 주차 브레이크　② 풋 브레이크
③ 엔진 브레이크　④ ABS

● Advice ① 차를 주차 또는 정차시킬 때 사용하는 제동장치로서 주로 손으로 조작하나, 일부 승용자동차의 경우 발로 조작하는 경우도 있으며, 뒷바퀴 좌·우가 고정된다.
② 주행 중에 발로써 조작하는 주 제동장치로서 브레이크 페달을 밟으면 페달의 바로 앞에 있는 마스터 실린더 내의 피스톤이 작동하여 브레이크액이 압축되고, 압축된 브레이크액은 파이프를 따라 휠 실린더로 전달된다. 휠 실린더의 피스톤에 의해 브레이크 라이닝을 밀어 주어 타이어와 함께 회전하는 드럼을 잡아 멈추게 한다.
③ 가속 페달을 놓거나 저단기어로 바꾸게 되면 엔진 브레이크가 작용하여 속도가 떨어지게 된다. 이는 구동바퀴에 의해 엔진이 역으로 회전하는 것과 같이 되어 그 회전 저항으로 제동력이 발생하는 것이다. 내리막길에서 풋 브레이크만 사용하게 되면 라이닝의 마찰에 의해 제동력이 떨어지므로 엔진 브레이크를 사용하는 것이 안전하다.

6 충격흡수장치(Shock absorber)의 특징으로 옳지 않은 것은?

① 노면에서 발생한 스프링의 진동을 흡수한다.
② 승차감을 향상시킨다.
③ 스프링의 피로를 감소시킨다.
④ 타이어와 노면의 접착성을 저하시킨다.

● Advice 충격흡수장치(Shock absorber)는 타이어와 노면의 접착성을 향상시켜 커브길이나 빗길에 차가 튀거나 미끄러지는 현상을 방지한다.

7 주로 화물자동차에 사용되는 판 스프링의 특징에 대한 설명으로 옳지 않은 것은?

① 구조가 간단하고 승차감이 우수하다.
② 판간 마찰력을 이용하여 진동을 억제하나, 작은 진동을 흡수하기에는 적합하지 않다.
③ 내구성이 크다.
④ 너무 부드러운 판 스프링을 사용하면 차축의 지지력이 부족하여 차체가 불안정하게 된다.

● Advice 판 스프링은 구조가 간단하나 승차감이 나쁜 단점이 있다.

8 타이어가 회전하면 이에 따라 타이어의 원주에서는 변형과 복원을 반복한다. 타이어의 회전속도가 빨라지면 접지부에서 받은 타이어의 변형이 다음 접지 시점까지도 복원되지 않고 접지의 뒤쪽에 진동의 물결이 일어나는 현상은?

① 스탠딩 웨이브 현상
② 수막현상
③ 페이드 현상
④ 베이퍼 록 현상

● Advice 스탠딩 웨이브 현상에 대한 설명이다.
※ 스탠딩 웨이브 현상이 계속되면 타이어는 쉽게 과열되고 원심력으로 인해 트레드부가 변형될 뿐 아니라 오래가지 못해 파열된다. 스탠딩 웨이브 현상을 예방하기 위해서는 다음과 같은 주의가 필요하다.
　㉠ 속도를 맞추어야 한다.
　㉡ 공기압을 높여야 한다.

정답 5.④ 6.④ 7.① 8.①

9 수막현상에 대한 내용으로 옳지 않은 것은?

① 물이 고인 노면을 고속으로 주행하게 되면 물의 저항에 의해 노면으로부터 떠올라 물위를 미끄러지듯이 되는 현상을 말한다.
② 수막현상은 수상스키와 같은 원리에 의한 것으로 타이어 접지면의 앞쪽에서 물의 수막이 침범하여 그 압력에 의해 타이어가 노면으로부터 떨어지는 현상이다.
③ 수막현상을 예방하기 위해서는 고속으로 주행하면 안 된다.
④ 수막현상을 예방하기 위해서는 공기압을 조금 낮게 하여야 한다.

● Advice 수막현상을 예방하기 위한 방법
㉠ 고속으로 주행하지 않는다.
㉡ 마모된 타이어를 사용하지 않는다.
㉢ 공기압을 조금 높게 한다.
㉣ 배수효과가 좋은 타이어를 사용한다.

10 수막현상이 발생하는 최저의 물깊이는 얼마인가?

① 8.5mm ~ 15mm
② 6.5mm ~ 12mm
③ 4.5mm ~ 11mm
④ 2.5mm ~ 10mm

● Advice 수막현상이 발생하는 최저의 물깊이는 자동차의 속도, 타이어의 마모정도, 노면의 거침 등에 따라 다르지만 일반적으로 2.5mm ~ 10mm 정도이다.

11 비탈길을 내려가거나 할 경우 브레이크를 반복하여 사용하면 마찰열이 라이닝에 축적되어 브레이크의 제동력이 저하되는 현상을 무엇이라 하는가?

① 베이퍼 록 현상
② 페이드 현상
③ 모닝 록 현상
④ 롤링 현상

● Advice 페이드 현상 … 자동차가 비탈길을 내려가거나 할 경우 브레이크를 반복하여 사용하면 마찰열이 라이닝에 축적되어 브레이크의 제동력이 저하되는 경우가 있다. 이 현상을 페이드 현상이라고 하며 이는 브레이크 라이닝의 온도상승으로 라이닝 면의 마찰계수가 저하되기 때문에 페달을 강하게 밟아도 제동이 잘 되지 않는다.

12 브레이크 마찰재가 물에 젖어 마찰계수가 작아져 브레이크의 제동력이 저하되는 현상은?

① 페이드 현상
② 베이퍼 록 현상
③ 워터 페이드 현상
④ 모닝 록 현상

● Advice 워터 페이드 현상 … 브레이크 마찰재가 물에 젖어 마찰계수가 작아져 브레이크의 제동력이 저하되는 현상이다. 물이 고인 도로에 자동차를 정차시켰거나 수중 주행을 하였을 경우 이 현상이 나타나며, 브레이크가 전혀 작동하지 않을 수도 있다. 이 경우 브레이크 페달을 반복해 밟으면서 천천히 주행을 하게 되면 열에 의해 서서히 브레이크가 회복하게 된다.

정답 9.④ 10.④ 11.② 12.③

13 비가 자주 오거나 습도가 높은 날 또는 오랜 시간 주차한 후 브레이크 드럼에 미세한 녹이 발생하는 현상은?

① 페이드 현상 ② 베이퍼 록 현상
③ 수막현상 ④ 모닝 록 현상

● Advice 모닝 록(Morning lock) … 비가 자주 오거나 습도가 높은 날 또는 오랜 시간 주차한 후에는 브레이크 드럼에 미세한 녹이 발생하는 현상을 말한다. 이 현상이 나타나면 브레이크드럼과 라이닝, 브레이크 패드와 디스크의 마찰계수가 높아져 평소보다 브레이크가 지나치게 예민하게 작동된다. 그러므로 평소의 감각대로 제동을 하게 되면 급제동이 되어 의외의 사고가 발생할 수 있다. 따라서 아침에 운행을 시작할 때나 장시간 주차한 다음 운행을 시작하는 경우에는 출발하기 전에 브레이크를 몇 차례 밟아주는 것이 좋다. 모닝 록 현상은 서행하면서 브레이크를 몇 번 밟아주게 되면 녹이 자연히 제거되면서 해소된다.

14 자동차의 진동 현상으로 볼 수 없는 것은?

① 롤링 ② 요잉
③ 바운싱 ④ 다이브

● Advice 자동차의 진동 현상
㉠ 바운싱
㉡ 피칭
㉢ 롤링
㉣ 요잉

15 차량의 무게중심을 지나는 세로방향의 축을 중심으로 차량이 좌우로 기울어지는 현상은?

① 바운싱 ② 피칭
③ 롤링 ④ 요잉

● Advice ① 차체가 Z축 방향과 평행 운동을 하는 고유 진동
② 차체가 Y축을 중심으로 하여 회전 운동을 하는 고유 진동
④ 차체가 Z축을 중심으로 하여 회전 운동을 하는 고유 진동

16 자동차가 제동할 때 바퀴는 정지하려 하고 차체는 관성에 의해 이동하려는 성질 때문에 앞 범퍼 부분이 내려가는 현상은?

① 롤링 ② 노즈다운
③ 스쿼트 ④ 노즈업

● Advice 노즈 다운과 노즈 업
㉠ 노즈 다운 : 자동차를 제동할 때 바퀴는 정지하려하고 차체는 관성에 의해 이동하려는 성질 때문에 앞 범퍼 부분이 내려가는 현상을 말하며, 다이브 현상이라고 한다.
㉡ 노즈 업 : 자동차가 출발할 때 구동 바퀴는 이동하려 하지만 차체는 정지하고 있기 때문에 앞 범퍼 부분이 들리는 현상을 말하며, 스쿼트 현상이라고 한다.

17 자동차 타이어의 마모에 영향을 주는 요소로 보기 어려운 것은?

① 공기압 ② 날씨
③ 브레이크 ④ 노면

● Advice 자동차 타이어의 마모에 영향을 주는 요소
㉠ 공기압
㉡ 하중
㉢ 속도
㉣ 커브
㉤ 브레이크
㉥ 노면

정답 13.④ 14.④ 15.③ 16.② 17.②

03. 안전운행

18 고속도로에서 고속으로 주행하게 되면 노면과 좌우에 있는 나무나 중앙분리대의 풍경 등이 마치 물이 흐르듯이 흘러서 눈에 들어오는 느낌의 자극을 받게 되는데 이러한 현상을 무엇이라 하는가?

① 유체자극 현상
② 페이드 현상
③ 수막 현상
④ 바운싱 현상

> **Advice** 유체자극 현상 … 고속도로에서 고속으로 주행을 하게 되면, 노면과 좌우에 있는 나무나 중앙분리대의 풍경 등이 마치 물이 흐르듯이 흘러서 눈에 들어오는 느낌의 자극을 받게 된다. 속도가 빠를수록 눈에 들어오는 흐름의 자극은 더해지며, 주변의 경관은 거의 흐르는 선과 같이 되어 눈을 자극하게 되는 현상이다.

19 다음 중 정지소요시간을 구하는 공식으로 알맞은 것은?

① 공주거리와 제동거리의 차
② 공주거리와 제동거리의 합
③ 공주시간과 제동시간의 차
④ 공주시간과 제동시간의 합

> **Advice** 자동차의 정지까지 소요된 시간을 정지소요시간이라 하며 이는 공주시간과 제동시간의 합으로 나타낸다.

20 운전자가 자동차를 정지시켜야 할 상황임을 지각하고 브레이크 페달로 발을 옮겨 브레이크가 작동을 시작하는 순간까지의 시간은?

① 공주시간
② 제동시간
③ 정의시간
④ 정지시간

> **Advice** 공주시간과 공주거리
> ㉠ 공주시간 : 운전자가 자동차를 정지시켜야 할 상황임을 지각하고 브레이크 페달로 밟을 옮겨 브레이크가 작동을 시작하는 순간까지의 시간
> ㉡ 공주거리 : 위의 상황에서 자동차가 진행한 거리

21 차량점검 시 주의사항에 대한 내용으로 옳지 않은 것은?

① 적색 경고등이 들어온 상태에서는 절대로 운행을 하지 않는다.
② 운행 전에 조향핸들의 높이와 각도가 맞게 조정되었는지 점검한다.
③ 급격한 경사로가 아닌 이상 주차브레이크를 사용하지 않아도 된다.
④ 라디에이터 캡은 주의해서 연다.

> **Advice** 주차 시에는 항상 주차브레이크를 사용하며, 주차브레이크를 작동시키지 않은 상태에서 절대로 운전석에서 떠나지 않는다.

정답 18.① 19.④ 20.① 21.③

22 자동차를 운행하는 도중 고무 같은 것이 타는 냄새가 날 때에는 바로 세워야 한다. 이러한 냄새가 날 경우는 어느 부분이 이상한 것인가?

① 브레이크 부분
② 바퀴 부분
③ 전기장치 부분
④ 엔진 부분

> **Advice** 전기장치 부분에 이상이 나타난 경우 고무 같은 것이 타는 냄새가 날 때에는 바로 차를 세워야 한다. 이는 엔진실 내의 전기 배선 등의 피복이 녹아 벗겨져 합선에 의해 전선이 타면서 나는 냄새가 대부분이다. 보닛을 열고 잘 살펴보아 이러한 부위를 발견하여야 한다.

23 자동차 배출가스의 색상은 어떠한 색이어야 정상인가?

① 검은색
② 흰색
③ 회색
④ 무색

> **Advice** 완전 연소 때 배출되는 가스의 색은 정상상태에서 무색 또는 약간 엷은 청색을 띤다.
> 초크 고장이나 에어클리너 엘리먼트의 막힘, 연료장치 고장 등일 경우에는 검은색을 띠며, 헤드 개스킷 파손, 밸브의 오일 씰 노후 및 피스톤 링의 마모 등 엔진 보링을 할 시기가 될 때는 흰색을 띤다.

24 주행시 엔진의 온도가 과열될 경우 그 조치 방법으로 적절하지 못한 것은?

① 냉각수를 보충하도록 한다.
② 엔진 피스톤 링을 교환하도록 한다.
③ 냉각팬 휴즈 및 배선상태를 확인하도록 한다.
④ 냉각수 온도 감지센서를 교환하도록 한다.

> **Advice** 주행시 엔진 온도 과열이 나타날 경우 조치방법
> ㉠ 냉각수 보충
> ㉡ 팬벨트의 장력조정
> ㉢ 냉각팬 휴즈 및 배선상태 확인
> ㉣ 팬벨트 교환
> ㉤ 수온조절기 교환
> ㉥ 냉각수 온도 감지센서 교
> ㉦ 외관상 결함 상태가 없을 경우
> • 라디에이터 캡을 열고 냉각수의 흐름을 관찰한 후 냉각수 내 기포 현상이 있는가를 확인
> • 기포 현상은 연소실 내 압축가스가 새고 있다는 것(미세한 경우는 약 10~15분 정도 확인 관찰해야 함)
> • 이 경우 실린더헤드 볼트 조임 불량 및 손상으로 고장임고 소치

25 주행 제동 시 차량의 쏠림 현상이 나타날 경우 점검해야 할 사항으로 옳지 않은 것은?

① 좌우 타이어의 공기압을 점검하도록 한다.
② 좌우 브레이크 라이닝의 간극 및 드럼손상을 점검하도록 한다.
③ 브레이크 에어 및 오일 파이프를 점검하도록 한다.
④ 연료 탱크 내 수분을 제거하도록 한다.

> **Advice** 주행 제동 시 차량 쏠림이 나타날 경우 점검사항
> ㉠ 좌우 타이어의 공기압 점검
> ㉡ 좌우 브레이크 라이닝 간극 및 드럼손상 점검
> ㉢ 브레이크 에어 및 오일 파이프 점검
> ㉣ 듀얼 서킷 브레이크 점검
> ㉤ 공기 빼기 작업
> ㉥ 에어 및 오일 파이프라인 이상 발견

정답 22.③ 23.④ 24.② 25.④

26 급제동 시 차체 진동이 심하고 브레이크 페달이 떨릴 경우 점점해야 할 사항이 아닌 것은?

① 휠 얼라이먼트 상태 점검
② 전원 연결배선 교환
③ 브레이크 드럼 및 라이닝 점검
④ 브레이크 드럼의 진원도 불량

> **Advice** 급제동 시 차체 진동이 심하고 브레이크 페달이 떨릴 경우 점검사항
> ㉠ 휠 얼라이먼트 점검
> ㉡ 제동력 점검
> ㉢ 브레이크 드럼 및 라이닝 점검
> ㉣ 브레이크 드럼의 진원도 불량

27 주행 중 브레이크 작동시 온도 메터 게이지가 하강할 경우 점검해야 할 사항으로 옳지 않은 것은?

① 온도 메터 게이지 교환 후 동일현상 여부 점검
② 수온센서 교환 후 동일현상 여부 점검
③ 배선 및 커넥터 점검
④ 록킹 실린더 누유 점검

> **Advice** 주행 중 브레이크 작동 시 온도 메터 게이지 하강시 점검사항
> ㉠ 온도 메터 게이지 교환 후 동일현상 여부 점검
> ㉡ 수온센서 교환 후 동일현상 여부 점검
> ㉢ 배선 및 커넥터 점검
> ㉣ 프레임과 엔진 배선 중간부위 과다하게 꺾임 확인
> ㉤ 배선 피복은 정상이나 내부 에나멜선의 단선 확인

03 도로요인과 안전운행

1 도로가 되기 위한 4가지 조건에 해당하지 않는 것은?

① 형태성
② 이용성
③ 비공개성
④ 교통경찰권

> **Advice** 도로가 되기 위한 조건
> ㉠ **형태성** : 차로의 설치, 비포장의 경우에는 노면의 균일성 유지 등으로 자동차 기타 운송수단의 통행에 용이한 형태를 갖출 것
> ㉡ **이용성** : 사람의 왕래, 화물의 수송, 자동차 운행 등 공중의 교통영역으로 이용되고 있는 곳
> ㉢ **공개성** : 공중교통에 이용되고 있는 불특정 다수인 및 예상할 수 없을 정도로 바뀌는 숫자의 사람을 위해 이용이 허용되고 실제 이용되고 있는 곳
> ㉣ **교통경찰권** : 공공의 안전과 질서유지를 위하여 교통경찰권이 발동될 수 있는 장소

2 도로의 곡선부에 방호울타리를 설치하는 이유로 옳지 않은 것은?

① 자동차의 차도이탈을 방지하기 위하여
② 탑승자의 상해 및 자동차의 파손을 감소시키기 위하여
③ 자동차의 편경사를 개선하고 사고율을 감소시키기 위하여
④ 운전자의 시선을 유도하기 위하여

> **Advice** 곡선부 방호울타리의 기능
> ㉠ 자동차의 차도이탈을 방지하는 것
> ㉡ 탑승자의 상해 및 자동차의 파손을 감소시키는 것
> ㉢ 자동차를 정상적인 진행방향으로 복귀시키는 것
> ㉣ 운전자의 시선을 유도하는 것

정답 26.② 27.④ / 1.③ 2.③

3 갓길(길어깨)의 역할로 보기 어려운 것은?

① 고장차가 본선차도로부터 대피할 수 있고, 사고 시 교통의 혼잡을 야기하는 역할을 한다.
② 측방 여유폭을 가지므로 교통의 안전성과 쾌적성에 기여한다.
③ 절토부 등에서는 곡선부의 시거가 증대되기 때문에 교통의 안전성이 높다.
④ 보도 등이 없는 도로에서는 보행자 등의 통행장소로 제공된다.

● Advice 길어깨의 역할
㉠ 고장차가 본선차도로부터 대피할 수 있고, 사고 시 교통의 혼잡을 방지하는 역할을 한다.
㉡ 측방 여유폭을 가지므로 교통의 안전성과 쾌적성에 기여한다.
㉢ 유지관리 작업장이나 지하매설물에 대한 장소로 제공된다.
㉣ 절토부 등에서는 곡선부의 시거가 증대되기 때문에 교통의 안전성이 높다.
㉤ 유지가 잘 되어 있는 길어깨는 도로 미관을 높인다.
㉥ 보도 등이 없는 도로에서는 보행자 등의 통행장소로 제공된다.

4 다음 설명 중 옳지 않은 것은?

① 교량 접근로의 폭에 비하여 교량의 폭이 좁을수록 사고가 더 많이 발생한다.
② 교량의 접근로 폭과 교량의 폭이 같을 때 사고율이 가장 높다.
③ 교량의 접근로 폭과 교량의 폭이 서로 다를 경우 교통통제시설을 효과적으로 설치함으로써 사고율을 현저히 감소시킨다.
④ 교량 접근로의 폭에 비하여 교량의 폭이 넓을수록 사고율이 낮다.

● Advice 교량의 접근로 폭과 교량의 폭이 같을 때 사고율이 가장 낮다.

5 중앙분리대의 기능에 대한 설명으로 옳지 않은 것은?

① 상하 차도의 교통 분리
② 사고 및 고장 차량이 정지할 수 있는 여유공간 제공
③ 필요에 따라 유턴 가능
④ 대향차의 현광 방지

● Advice 중앙분리대의 기능
㉠ 상하 차도의 교통 분리
㉡ 평면교차로가 있는 도로에서는 폭이 충분할 때 좌회전 차로로 활용할 수 있어 교통처리 유연
㉢ 광폭 분리대의 경우 사고 및 고장 차량이 정지할 수 있는 여유공간을 제공
㉣ 보행자에 대한 안전섬이 됨으로써 횡단시 안전
㉤ 필요에 따라 유턴 방지
㉥ 대향차의 현광 방지
㉦ 도로표지, 기타 교통관제시설 등을 설치할 수 있는 장소를 제공

6 다음 중 용어의 정의가 잘못된 것은?

① 차로수 - 양방향 차로의 수를 합한 것을 말한다.
② 오르막차로 - 오르막 구간에서 저속 자동차를 다른 자동차와 분리하여 통행시키기 위하여 설치하는 차로
③ 측대 - 운전자의 시선을 유도하고 옆부분의 여유를 확보하기 위하여 중앙분리대 또는 길어깨에 차도와 동일한 횡단경사와 구조로 차도에 접속하여 설치하는 부분
④ 길어깨 - 차도를 통행의 방향에 따라 분리하고 옆부분의 여유를 확보하기 위하여 도로의 중앙에 설치하는 분리대와 측대를 말한다.

● Advice ④ 중앙분리대에 대한 설명이다.
※ 길어깨 … 도로를 보호하고 비상시에 이용하기 위하여 차도에 접속하여 설치하는 도로의 부분을 말한다.

정답 3.① 4.② 5.③ 6.④

7 평면곡선부에서 자동차가 원심력에 저항할 수 있도록 하기 위하여 설치하는 횡단경사를 무엇이라 하는가?

① 횡단경사
② 편경사
③ 종단경사
④ 노상시설

> **Advice** ① 도로의 진행방향에 직각으로 설치하는 경사로서 도로의 배수를 원활하게 하기 위하여 설치하는 경사와 평면곡선부에 설치하는 편경사를 말한다.
> ③ 도로의 진행방향 중심선의 길이에 대한 높이의 변화 비율을 말한다.
> ④ 보도·자전거도로·중앙분리대·길어깨 또는 환경시설대 등에 설치하는 표지판 및 방호울타리 등 도로의 부속물을 말한다.

8 2차로 도로에서 저속 자동차를 안전하게 앞지를 수 있는 거리를 무엇이라 하는가?

① 정지시거
② 오르막차로
③ 주·정차대
④ 앞지르기시거

> **Advice** 앞지르기시거 … 2차로 도로에서 저속 자동차를 안전하게 앞지를 수 있는 거리로서 차로의 중심선상 1미터의 높이에서 반대쪽 차로의 중심선에 있는 높이 1.2m의 반대쪽 자동차를 인지하고 앞차를 안전하게 앞지를 수 있는 거리를 도로 중심선에 따라 측정한 길이를 말한다.

04 안전운전

1 운전자가 다른 운전자나 보행자가 교통법규를 지키지 않거나 위험한 행동을 하더라도 이에 대처할 수 있는 운전자세를 갖추어 미리 위험한 상황을 피하여 운전하는 것을 일컫는 용어는?

① 안전운전
② 방어운전
③ 야간운전
④ 초보운전

> **Advice** 방어운전 … 운전자가 다른 운전자나 보행자가 교통법규를 지키지 않거나 위험한 행동을 하더라도 이에 대처할 수 있는 운전자세를 갖추어 미리 위험한 상황을 피하여 운전하는 것. 위험한 상황을 만들지 않고 운전하는 것. 위험한 상황에 직면했을 때는 이를 효과적으로 회피할 수 있도록 운전하는 것을 말한다.
> ㉠ 자기 자신이 사고의 원인을 만들지 않는 운전
> ㉡ 자기 자신이 사고에 말려들어 가지 않게 하는 운전
> ㉢ 타인의 사고를 유발시키지 않는 운전

2 방어운전의 기본에 해당하지 않는 것은?

① 교통상황 정보수집
② 정확한 운전 지식
③ 초보적인 운전 기술
④ 예측능력과 판단력

> **Advice** 방어운전의 기본
> ㉠ 능숙한 운전 기술
> ㉡ 정확한 운전 지식
> ㉢ 세심한 관찰력
> ㉣ 예측능력과 판단력
> ㉤ 양보와 배려의 실천
> ㉥ 교통상황 정보수집
> ㉦ 반성의 자세
> ㉧ 무리한 운행 배제

정답 7.② 8.④ / 1.② 2.③

3 시동을 걸고 출발을 할 경우 방어운전 방법으로 옳지 않은 것은?

① 차의 전후, 좌우는 물론 차의 밑과 위까지 안전을 확인한다.
② 도로의 가장자리에서 도로로 진입하는 경우에는 최대한 빠르게 진입한다.
③ 교통류에 합류할 때에는 진행하는 차의 간격 상태를 확인하고 합류한다.
④ 과로로 피로하거나 심리적으로 흥분된 상태에서는 운전을 자제한다.

● Advice 도로의 가장자리에서 도로로 진입하는 경우에는 반드시 신호를 해야 한다.

4 주행시 속도조절에 대한 설명으로 옳지 않은 것은?

① 교통량이 많은 곳에서는 속도를 줄여서 주행하고 노면의 상태가 나쁜 도로에서는 속도를 줄여 주행한다.
② 기상상태나 도로조건 등으로 시계조건이 나쁜 곳에서는 속도를 줄여 주행하고 해질 무렵, 터널 등 조명 조건이 나쁠 때에도 속도를 줄여 주행한다.
③ 주택가나 이면도로 등에서는 과속이나 난폭 운전을 하지 않는다.
④ 곡선반경이 큰 도로나 신호의 설치간격이 넓은 도로에서는 속도를 낮추어 안전하게 통과한다.

● Advice 곡선반경이 작은 도로나 신호의 설치간격이 좁은 도로에서는 속도를 낮추어 안전하게 통과한다.

5 앞지르기를 할 때 방어운전 요령으로 옳지 않은 것은?

① 앞지르기가 허용된 지역에서만 앞지르기를 한다.
② 마주 오는 차의 속도와 거리를 정확히 판단한 후 앞지르기를 한다.
③ 앞지르기 후 뒤차의 안전을 고려하여 진입한다.
④ 앞지르기를 한 후 뒤차에게 신호로 알린다.

● Advice 앞지르기 전에 앞차에게 신호로 알린다.

6 교차로 신호기 설치의 장점으로 옳지 않은 것은?

① 교통류의 흐름을 질서 있게 한다.
② 교차로에서의 직각충돌사고를 줄일 수 있다.
③ 과도한 대기로 인한 지체가 발생할 수 있다.
④ 교통처리용량을 증대시킬 수 있다.

● Advice 교차로 신호기 설치의 장점
㉠ 교통류의 흐름을 질서 있게 한다.
㉡ 교통처리용량을 증대시킬 수 있다.
㉢ 교차로에서의 직각충돌사고를 줄일 수 있다.
㉣ 특정 교통류의 소통을 도모하기 위하여 교통 흐름을 차단하는 것과 같은 통제에 이용할 수 있다.

정답 3.② 4.④ 5.④ 6.③

7 주차를 할 경우 운전방법에 대한 설명으로 옳지 않은 것은?

① 앞차에 최대한 밀착하여 주차하도록 한다.
② 주행차로에 차의 일부분이 돌출된 상태로 주차하지 않는다.
③ 언덕길 등 기울어진 길에는 바퀴를 고이거나 위험방지를 위한 조치를 취한 후 안전을 확인하고 차에서 떠난다.
④ 차가 노상에서 고장을 일으킨 경우에는 적절한 고장표지를 설치한다.

● Advice 주차할 경우 운전방법
  ㉠ 주차가 허용된 지역이나 안전한 지역에 주차한다.
  ㉡ 주행차로에 차의 일부분이 돌출된 상태로 주차하지 않는다.
  ㉢ 언덕길 등 기울어진 길에는 바퀴를 고이거나 위험방지를 위한 조치를 취한 후 안전을 확인하고 차에서 떠난다.
  ㉣ 차가 노상에서 고장을 일으킨 경우에는 적절한 고장표지를 설치한다.

8 이면도로의 위험성에 대한 내용으로 옳지 않은 것은?

① 도로의 폭이 좁고 보도 등의 안전시설이 없다.
② 좁은 도로가 많이 교차하고 있다.
③ 주변에 점포와 주택 등이 밀집되어 있으므로 보행자들이 신호를 잘 지키며 통행한다.
④ 길가에서 어린이들이 뛰어 노는 경우가 많으므로 어린이들과의 사고가 일어나기 쉽다.

● Advice 이면도로는 주변에 점포와 주택 등이 밀집되어 있으므로 보행자 등이 아무 곳에서나 횡단이나 통행을 하므로 위험하다.

9 교차로 사고의 발생원인으로 옳지 않은 것은?

① 앞쪽 상황에 소홀한 채 진행신호로 바뀌는 순간 급출발한다.
② 정지신호임에도 불구하고 정지선을 지나 교차로에 진입했거나 무리하게 통과를 시도한다.
③ 교차로 진입 전 이미 황색신호임에도 무리하게 통과를 시도한다.
④ 통행의 우선순위에 따라 최대한 빠르게 진행한다.

● Advice 교차로 교통사고의 발생 원인
  ㉠ 앞쪽 상황에 소홀한 채 진행신호로 바뀌는 순간 급출발
  ㉡ 정지신호임에도 불구하고 정지선을 지나 교차로에 진입하거나 무리하게 통과를 시도하는 신호무시
  ㉢ 교차로 진입 시 이미 황색신호임에도 무리하게 통과 시도

10 교차로 통과 시 안전운전방법으로 옳지 않은 것은?

① 신호는 자기의 눈으로 확실히 확인한다.
② 직진할 경우 좌우회전 하는 차를 주의한다.
③ 좌우회전 시 방향신호를 정확하게 한다.
④ 좌회전은 최대한 빠른 속도로 통과한다.

● Advice 교차로 통과시 안전운전방법
  ㉠ 신호는 자기의 눈으로 확실히 확인
  ㉡ 직진할 경우 좌우회전 하는 차에 주의
  ㉢ 교차로의 대부분은 앞이 잘 보이지 않는 곳임을 알아야 함
  ㉣ 좌우회전 시 방향신호는 정확히 해야 함
  ㉤ 성급한 좌회전은 보행자를 간과하기 쉬움
  ㉥ 앞차를 따라 차간거리를 유지해야 하며, 맹목적으로 앞차를 따라가면 안됨

정답 7.① 8.③ 9.④ 10.④

11 교차로 황색신호시간에 일어날 수 있는 교통사고의 유형으로 볼 수 없는 것은?

① 교차로 상에서 전 신호 차량과 후 신호 차량의 충돌이 발생한다.
② 횡단보도 전 앞차의 정지 시 앞차를 추돌하는 사고가 발생한다.
③ 횡단보도 통과 시 보행자 및 자전거 또는 이륜차와의 충돌이 발생한다.
④ 우회전 차량과의 충돌이 발생할 수 있다.

● Advice 교차로 황색신호시간에 일어날 수 있는 교통사고의 유형
 ㉠ 교차로 상에서 전 신호 차량과 후 신호 차량의 충돌
 ㉡ 횡단보도 전 앞차 정지 시 앞차 추돌
 ㉢ 횡단보도 통과 시 보행자, 자전거 또는 이륜차 충돌
 ㉣ 유턴 차량과의 충돌

12 이면도로를 안전하게 운행하는 방법으로 옳지 않은 것은?

① 항상 위험을 예상하면서 서행을 하도록 한다.
② 자동차나 어린이가 갑자기 뛰어들지 모른다는 생각을 가지고 운전을 한다.
③ 위험스러운 자전거, 손수레, 사람과 그 그림자 등 위험대상물을 발견했을 때에는 최대한 빠르게 추월하여 그 자리를 피하도록 한다.
④ 언제라도 바로 정지할 수 있는 마음의 준비를 갖춘다.

● Advice 위험스럽게 느껴지는 자동차나 자전거·손수레·사람과 그 그림자 등 위험 대상물을 발견하였을 때에는 그의 움직임을 주시하여 안전하다고 판단될 때까지 시선을 떼지 않는다.

13 커브길에 대한 설명으로 옳지 않은 것은?

① 도로가 왼쪽 또는 오른쪽으로 굽은 곡선부를 갖는 도로의 구간을 의미한다.
② 곡선부의 곡선반경이 길어질수록 완만한 커브길이 되며 곡선반경이 극단적으로 길어져 무한대에 이르면 완전한 곡선도로가 된다.
③ 곡선반경이 짧아질수록 급한 커브길이 된다.
④ 커브길은 미끄러지거나 전복될 위험이 있으므로 부득이한 경우가 아니면 급핸들조작이나 급제동을 하여서는 아니된다.

● Advice 곡선부의 곡선반경이 길어질수록 완만한 커브길이 되며 곡선반경이 극단적으로 길어져 무한대에 이르면 완전한 직선도로가 된다.

14 커브길 안전주행 방법으로 옳지 않은 것은?

① 핸들을 조작할 때에는 가속이나 감속을 하지 않는다.
② 중앙선을 침범하거나 도로의 중앙으로 치우쳐 운전하지 않는다.
③ 항상 반대 차로에 차가 오고 있다는 것을 염두에 두고 차로를 준수하며 운전한다.
④ 커브길에서 앞지르기는 대부분 안전표지로 금지하고 있으니 안전표지가 없는 곳에서는 앞지르기가 가능하다.

● Advice 커브길에서 앞지르기는 대부분 안전표지로 금지하고 있으나 안전표지가 없더라도 절대로 하지 않는다.

정답 11.④ 12.③ 13.② 14.④

15 차로폭에 대한 설명으로 옳지 않은 것은?

① 차로폭은 일반적으로 시내 및 고속도로는 좁고, 골목길이나 이면도로는 넓다.
② 차로폭이 넓은 경우 주관적 속도감이 실제 주행속도보다 낮게 느껴짐에 따라 제한속도를 초과한 과속사고가 일어날 위험이 크다.
③ 차로폭이 좁은 경우 보행자, 노약자, 어린이 등에 주의하여 즉시 정지할 수 있는 안전한 속도로 주행하여야 한다.
④ 차로폭이 넓은 경우 과속의 위험이 있고, 차로폭이 좁은 경우 차량 및 보행자 등에 의한 사고의 위험이 크다.

● Advice 시내 및 고속도로 등에서는 도로폭이 비교적 넓고, 골목길이나 이면도로 등에서는 도로폭이 비교적 좁다.

16 내리막길을 주행할 때 주의해야 할 사항으로 옳지 않은 것은?

① 내리막길을 내려가기 전 미리 감속하고 엔진 브레이크를 사용하여 속도를 조절하여야 한다.
② 내리막길 주행시 중간에 불필요하게 속도를 줄이거나 급제동을 하는 것은 금물이다.
③ 내리막길 주행시 경사가 낮다고 하여 가속을 하게 되면 위험하다.
④ 내리막길 주행시 풋 브레이크를 사용하면 페이드 현상을 예방하여 안전운행을 할 수 있다.

● Advice 내리막길 주행시 엔진 브레이크를 사용하면 페이드 현상을 예방하여 운행 안전도를 더욱 높일 수 있다.

17 오르막길 운행시 안전운전 방법으로 옳지 않은 것은?

① 정차할 경우 앞차가 뒤로 밀려 충돌할 가능성을 염두해 두고 충분한 차간 거리를 유지하도록 한다.
② 정차 시에는 엔진 브레이크와 배기 브레이크를 같이 사용하도록 한다.
③ 출발 시에는 핸드 브레이크를 사용하는 것이 안전하다.
④ 오르막길에서 앞지르기를 할 때에는 힘과 가속력이 좋은 저단 기어를 사용하는 것이 안전하다.

● Advice ② 정차 시에는 풋 브레이크와 핸드 브레이크를 같이 사용하도록 한다.

18 앞지르기 사고의 대표적인 유형으로 옳지 않은 것은?

① 앞지르기를 위한 최초 진로변경 시 동일방향 좌측 후속차 또는 나란히 진행하던 차와의 충돌사고
② 좌측 도로상의 보행자 또는 우회전차량과의 충돌사고
③ 중앙선을 넘어 앞지르기를 할 경우 대향차와의 충돌사고
④ 유턴 차량과의 충돌사고

● Advice 앞지르기 사고의 유형
 ㉠ 앞지르기를 하기 위한 최초 진로변경 시 동일방향 좌측 후속차 또는 나란히 진행하던 차와의 충돌사고
 ㉡ 좌측 도로상의 보행자와 충돌, 우회전 차량과의 충돌사고
 ㉢ 중앙선을 넘어 앞지르기 시 대향차와의 충돌사고
 ㉣ 진행 차로 내의 앞뒤 차량과의 충돌사고
 ㉤ 앞 차량과의 근접주행에 따른 측면 충돌사고
 ㉥ 경쟁 앞지르기에 따른 충돌사고

정답 15.① 16.④ 17.② 18.④

19 철길 건널목의 종류로 볼 수 없는 것은?

① 1종 건널목
② 2종 건널목
③ 3종 건널목
④ 4종 건널목

> ● Advice 철길 건널목의 종류
> ㉠ 1종 건널목 : 차단기, 경보기 및 건널목 교통안전 표지를 설치하고 차단기를 주·야간 계속하여 작동시키거나 또는 건널목 안내원이 근무하는 건널목
> ㉡ 2종 건널목 : 경보기와 건널목 교통안전 표지만 설치하는 건널목
> ㉢ 3종 건널목 : 건널목 교통안전 표지만 설치하는 건널목

20 철길 건널목을 안전하게 통과하는 방법으로 옳지 않은 것은?

① 일시정지 후 좌우의 안전을 확인하고 통과한다.
② 앞 차량을 따라 통과할 경우 앞 차량이 건너간 맞은편에 자차가 들어갈 여유 공간이 있을 경우에 통과하도록 한다.
③ 차단기가 내려지고 있거나, 경보음이 울릴 때 등 건널목을 완전하게 통과할 수 없는 염려가 있을 때에는 진입하지 않도록 한다.
④ 건널목을 통과할 때에는 기어를 빠르게 변속하여 최대한 빨리 통과하도록 한다.

> ● Advice 건널목을 통과할 때에는 기어를 변속하지 않는다. 특히 수동변속기 차량의 경우 기어 변속 과정에서 엔진이 정지될 수 있으므로 가속 페달을 조금 힘주어 밟고 통과하도록 한다.

21 고속도로 운행에 대한 설명으로 옳지 않은 것은?

① 속도의 흐름과 도로사정, 날씨 등에 따라 안전거리를 충분히 확보하도록 하고 법정속도를 준수하도록 한다.
② 차로 변경 시에는 최소한 100m 전방에서부터 방향지시등을 켜고, 전방 주시점은 속도가 빠를수록 멀리 둔다.
③ 고속도로 진입 시에는 충분한 가속으로 속도를 높인 후 주행차로로 진입하여 주행차에 방해를 주지 않도록 한다.
④ 고속도로 주행 시에는 앞차 움직임만을 살피도록 하고, 주행차로 운행을 준수하도록 한다.

> ● Advice 고속도로 주행 시에는 앞차의 움직임 뿐 아니라 가능한 한 앞차 앞의 3~4대 차량의 움직임도 살펴야 한다.

22 여름철 자동차 관리 시 주의해서 점검해야 할 사항이 아닌 것은?

① 냉각장치
② 와이퍼
③ 타이어 마모
④ 엔진오일

> ● Advice 여름철에는 무더위와 장마, 휴가철을 맞아 장거리 운전하는 경우가 있으므로 냉각장치의 점검, 와이퍼의 작동상태 점검, 타이어 마모상태 점검, 차량 내부의 습기 제거 등에 주의를 기울여 점검하도록 한다.

정답 19.④ 20.④ 21.④ 22.④

23 다음 설명 중 옳지 않은 것은?

① 야간에는 주간에 비해 시야가 전조등의 범위로 한정되어 노면과 앞차의 후미 등 전방만을 보게 되므로 주간보다 속도를 5% 정도 감속하고 운행하여야 한다.
② 안개로 인해 시야의 장애가 발생되면 우선 차간거리를 충분히 확보하고 앞차의 제동이나 방향지시등의 신호를 예의주시하며 천천히 주행하도록 한다.
③ 비가 내려 물이 고인 길을 통과할 때에는 속도를 줄이며 저속기어로 변속한 후 서행하여 통과하도록 한다.
④ 울퉁불퉁한 비포장도로를 통과할 때에는 브레이킹, 가속페달 조작, 핸들링 등을 부드럽게 하도록 한다.

● Advice 야간에는 주간에 비해 시야가 전조등의 범위로 한정되어 노면과 앞차의 후미 등 전방만을 보게 되므로 주간보다 속도를 20% 정도 감속하고 운행하여야 한다.

24 위험물의 종류로 보기 어려운 것은?

① 고압가스
② 석유류
③ 화약
④ 주류

● Advice 위험물의 종류 … 고압가스, 화약, 석유류, 독극물, 방사성물질 등

25 가을철 장거리 운행 전 점검사항으로 옳지 않은 것은?

① 타이어의 공기압은 적절하고, 상처난 곳은 없는지, 스페어타이어는 이상 없는 지를 점검한다.
② 보닛을 열어 냉각수와 브레이크액의 양을 점검하고, 엔진오일은 양 뿐 아니라 상태에 대한 점검도 병행하며, 팬밸트의 장력은 적정한지, 손상된 부분은 없는지 점검하도록 한다.
③ 헤드라이트, 방향지시등과 같은 각종 램프의 작동여부를 점검한다.
④ 연료는 연비의 향상을 위하여 가득 채우지 않도록 한다.

● Advice 가을철 장거리 운행 전 점검사항
㉠ 타이어의 공기압은 적절하고, 상처난 곳은 없는지, 스페어타이어는 이상 없는 지를 점검한다.
㉡ 보닛을 열어보아 냉각수와 브레이크액의 양을 점검하고, 엔진오일은 양 뿐 아니라 상태에 대한 점검을 병행하며, 팬밸트의 장력은 적정한지, 손상된 부분은 없는지 점검하고 여유분 한 개를 더 휴대한다.
㉢ 헤드라이트, 방향지시등과 같은 각종 램프의 작동여부를 점검한다.
㉣ 운행중의 고장이나 점검에 필요한 휴대용 작업등, 손전등을 준비한다.
㉤ 출발 전 연료를 가득 채우고 지도를 휴대하는 것도 필요하다.

정답 ▶ 23.① 24.④ 25.④

26 겨울철 빙판이나 눈길 같은 미끄러운 도로를 주행할 경우 안전운행 방법으로 옳지 않은 것은?

① 눈이 내린 후 차바퀴 자국이 나 있을 때에는 앞 차량의 타이어 자국 위에 자기 차량의 타이어 바퀴를 넣고 달리면 미끄러짐을 예방할 수 있다.
② 미끄러운 오르막길에서는 앞서가는 자동차가 정상에 오르는 것을 확인한 후 올라가야 하며, 도중에 정지하는 일이 없도록 밑에서부터 탄력을 받아 일정한 속도로 기어 변속 없이 한 번에 올라가야 한다.
③ 주행 중 교량 위나 터널 근처에서는 약간의 가속을 하여 빠르게 통과하도록 한다.
④ 눈 쌓인 커브길 주행 시 기어 변속을 하지 않아야 하며, 진입 전에 충분히 감속을 하도록 한다.

● Advice 주행 중 노면의 동결이 예상되는 그늘진 장소도 주의해야 한다. 햇볕을 받는 남향 쪽의 도로는 건조하지만 북쪽 도로는 동결하는 경우가 많다. 교량 위·터널 근처가 동결되기 쉬운 대표적인 장소이므로 감속하여 운행하도록 하여야 한다.

27 위험물의 적재방법으로 옳지 않은 것은?

① 운반용기와 포장외부에는 위험물의 수량만을 기재하여야 한다.
② 운반도중 위험물 또는 위험물을 수납한 운반용기가 떨어지거나 그 용기의 포장이 파손되지 않도록 적재하여야 한다.
③ 직사광선 및 빗물 등의 침투를 방지하기 위하여 덮개 등을 설치하도록 한다.
④ 혼재 금지된 위험물의 혼합 적재는 금지하도록 한다.

● Advice 운반용기와 포장외부에 위험물의 품목, 화학명 및 수량 등을 표기하여야 한다.

28 가스운반전용차량의 적재함에 리프트를 설치하지 않을 수 있는 차량의 적재 중량은?

① 20톤
② 10톤
③ 5톤
④ 1톤 이하

● Advice 가스운반전용차량의 적재함에는 리프트를 설치하여야 한다. 다만, 적재능력 1톤 이하의 차량에는 적재함에 리프트를 설치하지 않을 수 있다.

정답 26.③ 27.① 28.④

29 탱크로리 차량의 탱크 속 취급물질을 안전하게 운송하기 위하여 준수해야 할 사항으로 옳지 않은 것은?

① 도로교통법, 고압가스 안전관리법, 액화석유가스의 안전관리 및 사업법 등 관계법규 및 기준을 잘 준수하도록 한다.
② 노면이 나쁜 도로를 통과할 경우 주행 직전 안전한 장소를 선택하여 주차하고, 가스의 누설, 밸브의 이완, 부속품의 부착부분 등을 점검하여 이상여부를 확인하도록 한다.
③ 육교 등 밑을 통과할 때에는 육교 등 높이에 주의하여 서서히 운행하여야 하며, 차량이 육교 등의 아래 부분에 접촉할 우려가 있는 경우에는 다른 길로 돌아서 운행하도록 한다.
④ 운행계획에 따른 운행경로를 준수하여야 하며, 도로의 사정 및 교통체증으로 인하여 운행 경로를 부득이하게 변경할 경우 최단 경로를 선택하여 운행하도록 한다.

● Advice 운행계획에 따른 운행경로를 임의로 바꾸지 말아야 하며, 부득이하여 운행경로를 변경하고자 할 때에는 긴급한 경우를 제외하고는 소속사업소, 회사 등에 사전 연락하여 비상사태를 대비하도록 하여야 한다.

30 차량에 고정된 탱크로부터 저장설비 등에 가스를 주입하는 작업을 할 경우 당해 사업소의 안전관리자의 작업기준으로 옳지 않은 것은?

① 이송 전후 밸브의 누출유무를 점검하고 개폐는 빠르게 행한다.
② 탱크의 설계압력 이상의 압력으로 가스를 충전하여서는 안 된다.
③ 가스에 수분이 혼입되지 않도록 하고, 슬립 튜브식 액면계의 계량시에는 액면계의 바로 위에 얼굴이나 몸을 내밀고 조작하지 말아야 한다.
④ 액화석유가스 충전소 내에서는 동시에 2대 이상의 고정된 탱크에서 저장설비로 이송작업을 하지 말아야 한다.

● Advice ① 이송 전후에 밸브의 누출유무를 점검하고 개폐는 서서히 행하여야 한다.

31 고압가스 충전용기를 운반하는 경우 충전용기의 운반 중의 적정온도는 얼마인가?

① 10℃ 이하
② 40℃ 이하
③ 40℃ 이상
④ -10℃ 이하

● Advice 운반중의 충전용기는 항상 40℃ 이하를 유지하도록 하여야 한다.

정답 29.④ 30.① 31.②

32 고압가스 충전용기 운반차량에 충전용기를 적재하는 방법에 대한 설명으로 옳지 않은 것은?

① 압축가스의 충전용기 중 그 형태 및 운반차량의 구조상 세워서 적재하기 곤란한 때에는 적재함에 넣은 후 최대한 세워서 적재한다.
② 충전용기 등을 목재·플라스틱 또는 강철재로 만든 팔레트 내부에 넣어 안전하게 적재하는 경우와 용량 10kg 미만의 액화석유가스 충전 용기를 적재할 경우를 제외하고는 모든 충전용기는 1단으로 쌓아야 한다.
③ 충전용기 등은 짐이 무너지거나, 떨어지거나 차량의 충돌 등으로 인한 충격과 밸브의 손상 등을 방지하기 위하여 차량의 짐받이에 바싹대고 로프, 짐을 조이는 공구 등을 사용하여 확실하게 묶어 적재하며, 운반차량 뒷면에는 두께 5mm 이상, 폭 100mm 이상의 범퍼를 설치하여야 한다.
④ 차량에 충전용기 등을 적재한 후에 당해 차량의 측판 및 뒤판을 정상적인 상태로 닫은 후 확실하게 걸게쇠로 걸어 잠그도록 한다.

● Advice 충전용기를 차량에 적재하여 운반하는 때에는 차량운행 중의 동요로 인하여 용기가 충돌하지 않도록 고무링을 씌우거나 적재함에 넣어 세워서 운반하여야 한다. 다만, 압축가스의 충전용기 중 그 형태 및 운반차량의 구조상 세워서 적재하기 곤란한 때에는 적재함 높이 이내로 눕혀서 적재할 수 있다.

33 고속도로 교통사고의 특성에 대한 설명으로 옳지 않은 것은?

① 운전자의 전방주시 태만과 졸음운전 등으로 인하여 2차 사고 발생 가능성이 높다.
② 영업용 차량 운전자의 잦은 장거리 운행으로 인한 대형차량의 증가로 대형사고가 자주 발생한다.
③ 화물차의 적재불량과 과적은 도로상에 낙하물을 발생시키고 교통사고의 원인이 된다.
④ 운행 중 휴대폰 사용, DMB 시청 등 기기사용의 증가로 인해 전방주시 소홀로 인해 교통사고 발생가능성이 더욱 증가하고 있다.

● Advice 고속도로 교통사고의 특성
㉠ 고속도로는 빠르게 달리는 도로 특성상 다른 도로에 비해 치사율이 높다.
㉡ 운전자 전반주시 태만과 졸음운전으로 인한 2차 사고가 발생할 가능성이 높다.
㉢ 화물차, 버스 등 운전자의 장거리 운행으로 인한 과로 졸음운전이 발생할 가능성이 매우 높다.
㉣ 화물차, 버스 등 대형차량의 안전운전 불이행으로 대형사고가 발생하며, 사망자도 대폭 증가한다.
㉤ 화물차의 적재불량과 과적은 도로상에 낙하물을 발생시키고 교통사고의 원인이 된다.
㉥ 운전 중 휴대폰 사용, DMB 시청 등 기기사용 증가로 인한 전방주시에 소홀해 이로 인한 교통사고 발생가능성이 더욱 증가하고 있다.

34 편도 1차로 고속도로의 최고제한속도는 얼마인가?

① 50km
② 80km
③ 100km
④ 120km

● Advice 편도 1차로 고속도로의 최고속도는 80km이고, 최저속도는 50km이다.

정답 ▶ 32.① 33.② 34.②

35 다음 중 고속도로 운행제한 차량으로 볼 수 없는 것은?

① 차량의 총 중량이 40톤을 초과하는 차량
② 적재 불량으로 적재물의 낙하 우려가 있는 차량
③ 덮개를 씌우지 않았거나 묶지 않아 결속 상태가 불량한 차량
④ 적재물을 포함한 차량의 길이가 15m, 폭 1.5m, 높이 2m를 초과한 차량

● Advice 적재물을 포함한 차량의 길이가 16.7m, 폭 2.5m, 높이 4m를 초과한 차량은 운행 제한차량에 해당한다.

36 고속도로에서 과적차량을 제한하는 사유로 보기 어려운 것은?

① 고속도로의 포장균열 및 파손
② 고속주행으로 인한 교통사고 유발
③ 핸들 조작의 어려움 및 타이어 파손
④ 제동장치의 무리 및 동력연결부의 잦은 고장으로 교통사고 유발

● Advice 과적차량의 제한 사유
 ㉠ 고속도로의 포장균열, 파손, 교량의 파괴
 ㉡ 저속주행으로 인한 교통소통 지장
 ㉢ 핸들 조작의 어려움, 타이어 파손, 전·후방 주시 곤란
 ㉣ 제동장치의 무리, 동력연결부의 잦은 고장 등 교통사고 유발

37 다음 중 터널 안전운전 수칙으로 옳지 않은 것은?

① 터널 진입 전 입구 주변에 표시된 도로정보를 확인한다.
② 선글라스를 쓰고 라이트를 켠다.
③ 안전거리를 유지한다.
④ 차선을 바꾸지 않는다.

● Advice ② 터널에서는 선글라스를 벗고 라이트를 켠다.

38 터널 내 화재 시 행동요령으로 옳지 않은 것은?

① 운전자는 차량과 함께 터널 밖으로 신속히 이동한다.
② 비상벨을 누르거나 비상전화로 화재발생을 알려줘야 한다.
③ 터널 밖으로 이동이 불가능한 경우 최대한 갓길 쪽으로 정차한다.
④ 엔진을 끈 후 키를 뽑아 신속하게 하차한다.

● Advice ④ 엔진을 끈 후 키를 꽂아둔 채 신속하게 하차한다.

정답 35.④ 36.② 37.② 38.④

04 운송서비스

01 직업 운전자의 기본자세

1 화물운송서비스에서 대고객서비스의 수준을 높이는 일선 근무자는?

① 상담원
② 운전자
③ 대표자
④ 중개인

> **Advice** 화물운송서비스에서 대고객서비스 수준을 높이는 일선 근무자는 바로 운전자이다. 고객을 상대하여 고객만족의 고지를 점령할 사람이 바로 고객과 직접 접촉하는 최일선의 현장직원인 운전자라 할 수 있다.

2 고객서비스의 특성으로 보기 어려운 것은?

① 무형성
② 동시성
③ 동질성
④ 소멸성

> **Advice** 고객서비스의 특성
> ㉠ 무형성
> ㉡ 동시성
> ㉢ 이질성
> ㉣ 소멸성
> ㉤ 무소유권

3 고객만족을 위한 서비스 품질의 분류에 해당하지 않는 것은?

① 상품품질
② 영업품질
③ 가격품질
④ 서비스품질

> **Advice** 고객만족을 위한 서비스 품질의 분류
> ㉠ 상품품질
> ㉡ 영업품질
> ㉢ 서비스품질

4 고객이 서비스 품질을 평가하는 요인으로 보기 어려운 것은?

① 신뢰성
② 비공개성
③ 커뮤니케이션
④ 신용도

> **Advice** 고객이 서비스 품질을 평가하는 요인
> ㉠ 신뢰성
> ㉡ 신속한 대응
> ㉢ 정확성
> ㉣ 편의성
> ㉤ 태도
> ㉥ 커뮤니케이션
> ㉦ 신용도
> ㉧ 안전성
> ㉨ 고객의 이해도
> ㉩ 환경

정답 1.② 2.③ 3.③ 4.②

5 고객 서비스의 첫 동작이며, 마지막 동작인 인사의 중요성에 대한 설명으로 옳지 않은 것은?

① 인사는 애사심, 존경심, 우애, 자신의 교양과 인격의 표현이다.
② 인사는 서비스의 주요 기법이다.
③ 인사는 고객이 갖는 서비스만족의 활동이다.
④ 인사는 고객과 만나는 첫걸음이다.

● Advice 인사의 중요성
㉠ 인사는 광범위하고도 대단히 쉬운 행위이지만 습관화되지 않으면 실천에 옮기기 어렵다.
㉡ 인사는 애사심, 존경심, 우애, 자신의 교양과 인격의 표현이다.
㉢ 인사는 서비스의 주요 기법이다.
㉣ 인사는 고객과 만나는 첫걸음이다.
㉤ 인사는 고객에 대한 마음가짐의 표현이다.
㉥ 인사는 고객에 대한 서비스정신의 표시이다.

6 서비스예절교육 시 인사방법을 교육하려고 한다. 다음 중 올바른 인사방법으로 보기 어려운 것은?

① 머리와 상체를 직선으로 하여 상대방의 발끝이 보일 때까지 천천히 숙인다.
② 정중한 인사는 머리와 상체를 30도 정도 숙이는 것이다.
③ 인사하는 지점의 상대방과의 거리는 약 2m 내외가 적당하다.
④ 손을 주머니에 넣거나 의자에 앉아서 하는 일이 없어야 한다.

● Advice 가벼운 인사는 15°, 보통 인사는 30°, 정중한 인사는 45° 정도로 머리와 상체를 숙여서 한다.

7 다음 중 악수예절에 대한 설명으로 옳지 않은 것은?

① 상대의 눈을 바라보며 웃는 얼굴로 악수하여야 한다.
② 계속 손을 잡은 채로 말하면 안 된다.
③ 손은 반드시 왼손을 내민다.
④ 손을 너무 세게 쥐거나 또는 힘없이 잡으면 실례이다.

● Advice 악수를 할 때에는 항상 오른손을 내밀어야 한다.

8 고객응대를 위한 서비스 종사자의 마음가짐으로 보기 어려운 것은?

① 항상 긍정적으로 생각하여야 한다.
② 공사를 구분하고 공평하게 대하여야 한다.
③ 예의를 지켜 겸손하게 대하여야 한다.
④ 회사의 입장에서 생각하여야 한다.

● Advice 고객 응대 마음가짐 10가지
㉠ 사명감을 가진다.
㉡ 고객의 입장에서 생각한다.
㉢ 원만하게 대한다.
㉣ 항상 긍정적으로 생각한다.
㉤ 고객이 호감을 갖도록 한다.
㉥ 공사를 구분하고 공평하게 대한다.
㉦ 투철한 서비스 정신을 가진다.
㉧ 예의를 지켜 겸손하게 대한다.
㉨ 자신감을 갖는다.
㉩ 꾸준히 반성하고 개선한다.

정답 5.③ 6.② 7.③ 8.④

9 언어예절 중 대화시 유의사항으로 적절하지 못한 것은?

① 쉽게 흥분하거나 감정에 치우쳐서는 안 된다.
② 일부분을 보고 전체를 속단하여 말하지 않는다.
③ 욕설, 독설, 험담은 삼가도록 한다.
④ 매사 침묵으로 일관하도록 한다.

● Advice 매사 침묵으로 일관하는 것은 언어예절에 어긋나는 행동이다.

10 고객 응대시 시선처리에 대한 내용으로 옳지 않은 것은?

① 눈동자는 항상 중앙에 위치하도록 한다.
② 가급적이면 고객과 눈높이를 맞추는 것이 좋다.
③ 고객을 위·아래로 한 번씩 훑어보아야 한다.
④ 자연스럽고 부드러운 시선으로 고객을 바라보아야 한다.

● Advice 위로 치켜뜨는 눈, 곁눈질, 한 곳만 응시하는 눈, 위·아래로 훑어보는 눈은 고객이 정말 싫어하는 시선처리 방법이다.

11 다음 중 흡연을 삼가야 할 장소로 적합하지 않은 것은?

① 혼잡한 한식 전문 식당
② 보행중 지하철역 앞
③ 20명이 근무하는 사무실
④ 재떨이가 놓인 응접실

● Advice 흡연을 삼가야 할 곳
 ㉠ 운행 중 차내
 ㉡ 보행중
 ㉢ 재떨이가 없는 응접실
 ㉣ 혼잡한 식당 등 공공장소
 ㉤ 사무실 내에서 다른 사람이 담배를 안 피울 때
 ㉥ 회의장

12 직장 내 동료, 상사, 고객과의 술자리에서의 음주예절에 대한 내용으로 옳지 않은 것은?

① 회사의 경영방법이나 특정인물을 비하하거나 비판하지 않는다.
② 과음을 하지 않고 본인의 지식을 장황하게 늘어놓아 신뢰를 얻도록 한다.
③ 상사와의 술자리는 근무의 연장이라 여기고 끝까지 예의를 차리도록 한다.
④ 고객 앞에서의 실수는 영원한 오점으로 기억되므로 과음하거나 실수하지 않도록 한다.

● Advice 음주예절
 ㉠ 경영방법이나 특정한 인물에 대하여 비판하지 않는다.
 ㉡ 상사에 대한 험담을 하지 않는다.
 ㉢ 과음하거나 지식을 장황하게 늘어놓지 않는다.
 ㉣ 술자리를 자기자랑이나 평상시 언동의 변명의 자리로 만들지 않는다.
 ㉤ 상사와 합석한 술자리는 근무의 연장이라 생각하고 예의바른 모습을 보여주어 더 큰 신뢰를 얻도록 한다.
 ㉥ 고객이나 상사 앞에서 취중의 실수는 영원한 오점을 남긴다.

13 도로에서 운전자가 지켜야 할 기본적인 마인드로 옳지 않은 것은?

① 교통법규의 이해와 준수
② 자신의 운전기술 과신
③ 주의력 집중 및 심신상태의 안정
④ 여유 있고 양보하는 마음으로 운전

● Advice 운전자가 지켜야 할 기본적 자세
 ㉠ 교통법규의 이해와 준수
 ㉡ 여유 있고 양보하는 마음으로 운전
 ㉢ 주의력 집중 및 심신상태의 안정
 ㉣ 추측 운전의 삼가
 ㉤ 운전기술의 과신 금물
 ㉥ 저공해 등 환경보호
 ㉦ 소음공해 최소화

정답 9.④ 10.③ 11.④ 12.② 13.②

14 도로를 운전하는 운전자가 지켜야 할 운전예절로 볼 수 없는 것은?

① 횡단보도에서는 보행자가 먼저 지나가도록 일시 정지하여 보행자를 보호하는데 앞장서고 정지선을 반드시 지키도록 한다.
② 교차로나 좁은 길에서 마주 오는 차끼리 만나면 먼저 가도록 양보해 주고 전조등은 끄거나 하향으로 하여 상대방 운전자의 눈이 부시지 않도록 한다.
③ 방향지시등을 켜고 차선변경 등을 할 때에는 눈인사를 하면서 양보해 주는 여유를 가지며, 이웃 운전자에게 도움이나 양보를 받았을 때에는 정중하게 손을 들어 답례한다.
④ 도로상에서 고장차량을 발견하였을 때에는 즉시 경찰에 신고하고 그 자리를 빠르게 통과하도록 한다.

● Advice 도로상에서 고장차량을 발견하였을 때에는 즉시 서로 도와 길 가장자리 구역으로 유도하여야 한다.

15 화물차량 운전의 직업상 어려움으로 보기 힘든 것은?

① 차량의 장시간 운전으로 제한된 작업공간부족
② 주·야간 운행으로 생활리듬의 불규칙한 생활의 연속
③ 공로운행에 따른 타 차량과의 경쟁의식 상승
④ 화물의 특수수송에 따른 운임에 대한 불안감

● Advice 화물차량 운전의 직업상 난점
㉠ 차량의 장시간 운전으로 제한된 작업공간부족(차내 운전)
㉡ 주·야간의 운행으로 생활리듬의 불규칙한 생활의 연속
㉢ 공로운행에 따른 교통사고에 대한 위기의식 잠재
㉣ 화물의 특수수송에 따른 운임에 대한 불안감(회사 부도)

16 도로상에 운전자가 삼가야 할 행동으로 알맞지 않은 것은?

① 욕설이나 경쟁심의 운전행위는 하지 않도록 한다.
② 도로상에서 사고 등으로 차량을 세워 둔 채 시비나 다툼의 행위로 인하여 다른 차량의 통행을 방해하지 않도록 한다.
③ 신호등이 바뀌기 전에 빨리 출발하라고 전조등을 켰다 껐다 하거나 경음기로 재촉하는 행위를 하지 않도록 한다.
④ 급한 일이 아니면 방향지시등을 켜지 않고 갑자기 끼어들거나 갓길로 주행하는 행위를 하지 않도록 한다.

● Advice 도로상 운전자가 삼가야 할 행동
㉠ 욕설이나 경쟁심의 운전행위
㉡ 도로상에서 사고 등으로 차량을 세워 둔 채 시비, 다툼 등의 행위를 하여 다른 차량의 통행을 방해하는 행위
㉢ 음악이나 경음기 소리를 크게 하여 다른 운전자를 놀라게 하거나 불안하게 하는 행위
㉣ 신호등이 바뀌기 전에 빨리 출발하라고 전조등을 켰다 껐다 하거나 경음기로 재촉하는 행위
㉤ 자동차 계기판 윗부분 등에 발을 올려놓고 운행하는 행위
㉥ 교통 경찰관의 단속 행위에 불응하고 항의하는 행위
㉦ 방향지시등을 켜지 않고 차선을 변경하거나 버스 전용차로를 무단 통행하거나 갓길로 주행하는 행위

정답 14.④ 15.③ 16.④

17 화물운전자의 화물운송과정에서 요구되는 서비스 확립자세로 보기 어려운 것은?

① 화물운송시 도착지의 주소가 명확한지 재확인하고 연락 가능한 전화번호 기록을 유지한다.
② 현지에서 화물의 파손위험 여부 등 사전 점검 후 최선의 안전수송을 하여 도착지의 화주에 인수인계한다.
③ 화물운송 시 안전도에 대한 점검을 위하여 중간지점에서 화물점검과 결속 풀림상태, 차량점검 등을 반드시 한다.
④ 화주가 요구하는 최종지점까지 배달하고 특히, 이삿짐차량은 신속함을 추구하여 최대한 빠르게 수송하여야 한다.

● Advice 일반화물 중 이삿짐 수송시에는 자신의 물건으로 여기고 소중하게 수송하여야 하며, 택배차량은 신속하고 편리함을 추구하여 자택까지 수송하여야 한다.

18 화물운송종사 운전자가 지켜야 할 기본적인 준수사항으로 보기 어려운 것은?

① 배차지시 없이 임의로 운행하여서는 아니 된다.
② 회사차량의 불필요한 집단운행을 하여서는 아니 된다.
③ 음주 및 약물복용 후 운전을 하여서는 아니 된다.
④ 지시된 운행경로를 변경하거나 회사임원을 승차시켜서는 아니 된다.

● Advice 화물운송종사 운전자의 준수사항
㉠ 수입포탈 목적 장비운행 금지
㉡ 배차지시 없이 임의 운행금지
㉢ 정당한 사유 없이 지시된 운행경로 임의 변경운행 금지
㉣ 승차 지시된 운전자 이외의 타인에게 대리운전 금지
㉤ 사전 승인 없이 타인을 승차시키는 행위 금지
㉥ 운전에 악영향을 미치는 음주 및 약물복용 후 운전금지
㉦ 철도 건널목에서는 일시정지 준수 및 주·정차행위 금지
㉧ 본인이 소지하고 있는 면허로 관련 법에서 허용하고 있는 차종 이외의 차량 운전금지
㉨ 회사차량의 불필요한 집단운행 금지. 다만, 적재물의 특성상 집단운행이 불가피할 때에는 관리자의 사전 승인을 받아 사고를 예방하기 위한 제반 안전 조치를 취하고 운행
㉩ 자동차전용도로, 급한 경사길 등에 주·정차 금지
㉪ 기타 사회적인 물의를 야기시키거나 회사의 신뢰를 추락시키는 난폭운전 등의 운전행위 금지
㉫ 외관과 내부를 청결하게 하여 쾌적한 운행환경을 유지한다.

19 화물운송 운전자가 교통사고가 발생하였을 경우 조치하여야 할 사항으로 옳지 않은 것은?

① 형사합의 등과 같이 운전자 개인의 자격으로 합의하거나 보상받는 것 이외 회사의 어떠한 경우라도 회사손실과 직결되는 보상업무는 일반적으로 수행불가하다.
② 사고로 인한 행정, 형사처분 접수 시 임의처리가 불가하며 회사의 지시에 따라 처리하여야 한다.
③ 경미한 사고는 임의처리가 가능하며 중대한 사고 발생 시 경위를 육하원칙에 의거 거짓 없이 정확하게 회사에 즉시 보고하여야 한다.
④ 교통사고가 발생한 경우 현장에서의 인명구조, 관할경찰서에 신고 등의 의무를 성실히 수행하여야 한다.

● Advice 어떠한 사고라도 임의처리는 불가하며 사고발생 경위를 육하원칙에 의거 거짓 없이 정확하게 회사에 즉시 보고하여야 한다.

정답 17.④ 18.④ 19.③

20 고객불만 접수시 행동요령으로 옳지 않은 것은?

① 고객의 감정이 상하지 않도록 불만 내용을 끝까지 참고 들어야 한다.
② 고객의 불만 및 불편사항이 더 이상 확대되지 않도록 한다.
③ 고객 불만을 해결하기 어려운 경우 적당히 답변하도록 한다.
④ 불만전화 접수 후 우선적으로 빠른 시간 내에 확인하여 고객에게 알리도록 한다.

● Advice 고객 불만을 해결하기 어려운 경우 적당히 답변하지 말고 관련 부서와 협의 후에 답변을 하도록 한다.

21 직업의 3가지 태도가 아닌 것은?

① 애정
② 긍지
③ 능력
④ 열정

● Advice 직업의 3가지 태도 … 애정, 긍지, 열정

22 고객 상담 전화 대응요령으로 옳지 않은 것은?

① 전화벨이 울리면 3회 이내에 받는다.
② 전화가 끝나면 마지막 인사를 하고 상대편보다 먼저 끊는다.
③ 집하의뢰 전화는 고객이 원하는 날, 시간 등에 맞추도록 노력한다.
④ 배송확인 문의전화는 영업사원에게 시간을 확인한 후 고객에게 답변한다.

● Advice 전화가 끝나면 마지막 인사를 하고 상대편이 먼저 끊은 후 전화를 끊는다.

23 서비스는 사람에 의하여 생산되어 고객에게 제공되기 때문에 똑같은 서비스라 하더라도 그것을 행하는 사람에 따라 달라지는 특성을 갖는다. 이 특성은 무엇인가?

① 동시성
② 이질성
③ 소멸성
④ 무형성

● Advice ① 서비스는 공급자에 의하여 제공됨과 동시에 고객에 의하여 소비되는 성격을 갖는다.
③ 서비스는 제공 즉시 사라져 남아있지 않는다.
④ 서비스는 형태가 없는 무형의 상품이다.

02 물류의 이해

1 물류에 대한 개념적 관점에서의 물류의 역할로 보기 어려운 것은?

① 국민경제적 관점
② 사회경제적 관점
③ 판매기능적 관점
④ 개별기업적 관점

● Advice 물류에 대한 개념적 관점에서의 물류의 역할
㉠ 국민경제적 관점
㉡ 사회경제적 관점
㉢ 개별기업적 관점

정답 20.③ 21.③ 22.② 23.② / 1.③

2 제조, 물류, 유통업체 등 유통공급망에 참여하는 모든 업체들이 협력을 바탕으로 정보기술을 활용하여 재고를 최적화하고 리드타임을 대폭 감축하여 결과적으로 양질의 상품 및 서비스를 소비자에게 제공함으로써 소비자 가치를 극대화시키기 위한 전략은?

① 경영정보시스템
② 전사적자원관리
③ 공급망관리
④ 마케팅관리

● Advice 공급망관리의 정의
㉠ 고객 및 투자자에게 부가가치를 창출할 수 있도록 최초의 공급업체로부터 최종 소비자에게 이르기까지의 상품·서비스 및 정보의 흐름이 관련된 프로세스를 통합적으로 운영하는 경영전략
㉡ 제조, 물류, 유통업체 등 유통공급망에 참여하는 모든 업체들이 협력을 바탕으로 정보기술을 활용하여 재고를 최적화하고 리드타임을 대폭 감축하여 결과적으로 양질의 상품 및 서비스를 소비자에게 제공함으로써 소비자 가치를 극대화시키기 위한 전략
㉢ 제품생산을 위한 프로세스를 부품조달에서 생산계획, 납품, 재고관리 등을 효율적으로 처리할 수 있는 관리 솔루션

3 고객이 요구하는 수준의 서비스 제공이라는 물류의 목적 달성을 위한 7R의 원칙에 해당되지 않는 것은?

① Right time
② Right place
③ Right impression
④ Right promotion

● Advice 7R의 원칙 … 적절한 상품(Right Commodity)을 적절한 품질(Right Quality)과 적절한 양(Right Quantity)을 적절한 시간(Right Time)에 적절한 장소(Right Place)로 좋은 인상(Right Impression) 아래 적절한 가격(Right Price)으로 고객에게 전달한다.

4 물류에 대한 설명으로 옳지 않은 것은?

① 물류란 공급자로부터 생산자, 유통업자를 거쳐 최종 소비자에게 이르는 재화의 흐름을 말한다.
② 물류는 재화가 공급자로부터 조달·생산되어 수요자에게 전달되거나 소비자로부터 회수되어 폐기될 때까지 이루어지는 운송·보관·하역 등과 이에 부가되어 가치를 창출하는 가공·조립·분류·수리·포장·상표부착·판매·정보통신 등을 말한다.
③ 물류는 자재조달이나 폐기, 회수 등까지 총괄하는 경향이 아닌 단순한 장소적 이동을 의미하는 운송의 개념이다.
④ 물류는 소비자의 요구에 부응할 목적으로 생산지에서 소비지까지 원자재, 중간재, 완성품 그리고 관련 정보의 이동 및 보관에 소요되는 비용을 최소화하고 효율적으로 수행하기 위하여 이들을 계획, 수행, 통제하는 과정이다.

● Advice 물류는 단순히 장소적 이동을 의미하는 운송의 개념에서 발전하여 자재조달이나 폐기, 회수 등까지 총괄하는 경향이다.

5 생산자가 상품 또는 서비스를 소비자에게 유통시키는 것과 관련 있는 모든 체계적 경영활동을 무엇이라 하는가?

① 로지스틱스　　② 마케팅
③ 유통　　　　　④ 입찰보증

● Advice 마케팅 … 생산자가 상품 또는 서비스를 소비자에게 유통시키는 것과 관련 있는 모든 체계적 경영활동을 말한다. 현재 기업경영에서 물류가 마케팅의 절반을 차지하고 있다.

정답 2.③ 3.④ 4.③ 5.②

6 물적유통과 상적유통, 정보를 통합하여 무엇이라고 하는가?

① 물류　　② 상류
③ 유통　　④ 운송

● Advice　물적유통과 상적유통, 정보를 통합하여 유통이라 한다. 물류는 발생지에서 소비지까지의 물자의 흐름을 계획, 실행, 통제하는 제반관리 및 경제활동이며, 상류는 검색, 견적, 입찰, 가격조정, 계약, 지불, 인증, 보험, 회계처리, 서류발행, 기록 등을 의미한다.

7 물류의 기능으로 볼 수 없는 것은?

① 운송기능　　② 보관기능
③ 정보기능　　④ 가격기능

● Advice　물류의 기능
㉠ 운송기능
㉡ 포장기능
㉢ 보관기능
㉣ 하역기능
㉤ 정보기능
㉥ 유통가공기능

8 고객서비스 수준 향상과 물류비의 감소의 관계를 무엇이라 하는가?

① 수면자효과
② 필립스 곡선
③ 트레이드 오프
④ 아키텍처 효과

● Advice　트레이드 오프 … 두 개의 정책목표 가운데 하나를 달성하려고 하면 다른 목표의 달성이 늦어지거나 희생되는 경우 양자 간의 관계를 말한다.

9 물류 계획 수립 단계에 관한 설명으로 옳지 않은 것은?

① 무엇을, 언제, 그리고 어떻게
② 전략, 전술, 운영의 2단계
③ 전략적 계획은 불완전하고 정확도가 낮은 자료를 이용해서 수행
④ 운영계획은 정확하고 세부자료를 이용해서 수행

● Advice　② 전략, 전술, 운영의 3단계

10 물류시스템의 목적은 최소의 비용으로 최대의 물류서비스를 산출하기 위하여 물류 서비스를 3S1L의 원칙(Speedy, Safely, Surely, Low)으로 행하는 것이다. 이를 보다 구체화한 설명으로 옳지 않은 것은?

① 고객에게 상품을 적절한 납기에 맞추어 정확하게 배달하는 것
② 운송, 보관, 하역, 포장, 유통·가공의 작업을 합리화하는 것
③ 물류비용을 적절화하고 최소화하는 것
④ 고객의 주문에 대해 상품의 품절을 가능한 한 많게 하는 것

● Advice　㉠ 고객에게 상품을 적절한 납기에 맞추어 정확하게 배달하는 것
㉡ 고객의 주문에 대해 상품의 품절을 가능한 한 적게 하는 것
㉢ 물류거점을 적절하게 배치하여 배송효율을 향상시키고 상품의 적정재고량을 유지하는 것
㉣ 운송, 보관, 하역, 포장, 유통·가공의 작업을 합리화하는 것
㉤ 물류비용의 적절화·최소화 등

정답　6.③　7.④　8.③　9.②　10.④

11 다음 중 물류 관리의 의의가 아닌 것은?

① 기업 외적 물류관리
② 기업 내적 물류관리
③ 물류의 신속, 안전, 정확, 정시, 편리, 경제성을 고려한 고객지향적인 물류서비스를 제공
④ 종합물류관리체제로서 고객이 원하는 적절한 품질의 상품 적량을, 적시에, 적절한 장소에, 좋은 인상과 높은 가격으로 공급해 주어야 함

● Advice ④ 종합물류관리체제로서 고객이 원하는 적절한 품질의 상품 적량을, 적시에, 적절한 장소에, 좋은 인상과 적절한 가격으로 공급해 주어야 함

12 기업물류의 주활동에 해당하지 않는 것은?

① 수송
② 보관
③ 주문처리
④ 재고관리

● Advice 기업물류의 주활동에는 대고객서비스수준, 수송, 재고관리, 주문처리, 지원활동에는 보관, 자재관리, 구매, 포장, 생산량과 생산일정 조정, 정보관리가 포함된다.

13 다음 중 물류관리의 목표가 아닌 것은?

① 고객서비스와 비용의 증가
② 재화의 시간적·장소적 효용가치의 창조를 통한 시장능력의 강화
③ 고객서비스 수준 향상과 물류비의 감소
④ 그 기업이 달성하고자 하는 특정한 수준의 서비스를 최소의 비용으로 고객에게 제공

● Advice ① 비용은 절감 된다.

14 다음 중 물류활동에 관한 설명으로 옳지 않은 것은?

① 중앙과 지방의 재고보유 문제를 고려한 창고 입지 계획 등을 통한 물류에 있어서 시간과 장소의 효용증대를 위한 활동
② 비용절감과 재화의 시간적·장소적 효용가치의 창조를 통한 시장능력의 강화
③ 물류예산관리제도 등을 통한 원가절감에서 프로젝트 목표의 극대화
④ 물류관리 담당자 교육, 직장간담회, 불만처리위원회 등을 통한 동기부여의 관리

● Advice ②는 물류관리의 목표에 해당한다.

15 훌륭한 기업전략을 수립하기 위해서 고려해야할 요소가 아닌 것은?

① 소비자
② 공급자
③ 경쟁사
④ 세부자료

● Advice 훌륭한 전략수립을 위해서는 소비자, 공급자, 경쟁사, 기업 자체의 4가지 요소를 고려할 필요가 있다.

16 사업목표와 소비자 서비스 요구사항에서부터 시작되며, 경쟁업체에 대항하는 공격적인 기업물류전략은?

① 크래프팅 물류전략
② 프로엑티브 물류전략
③ 서비스개선 물류전략
④ 링크로드 물류전략

● Advice 프로엑티브 물류전략은 사업목표와 소비자 서비스 요구사항에서부터 시작되며, 경쟁업체에 대항하는 공격적인 전략을 말하며, 크래프팅 물류전략은 특정한 프로그램이나 기법을 필요로 하지 않으며, 뛰어난 통찰력이나 영감에 바탕을 둔다.

정답 ▶ 11.④ 12.② 13.① 14.② 15.④ 16.②

17 다음 중 기업물류에 관한 설명으로 옳지 않은 것은?

① 물류체계 또는 물류시스템의 개선은 기업이든 국가든 부가가치의 증대를 통해 부를 증가시킨다.
② 개별기업의 물류활동이 효율적으로 이루어지면 비용 또는 가격경쟁력을 제고하고 나아가 총이윤이 증가한다.
③ 기업에 있어서의 물류관리는 소비자의 요구와 필요에 따라 효율적인 방법으로 재화와 서비스를 공급받는 것을 말한다.
④ 일반적으로 물류활동의 범위는 물적공급과정과 물적유통과정에 국한된다.

● Advice ③ 기업에 있어서의 물류관리는 소비자의 요구와 필요에 따라 효율적인 방법으로 재화와 서비스를 공급하는 것을 말한다.

18 다음 중 기업물류의 범위에 관한 설명으로 옳지 않은 것은?

① 기업물류의 범위는 크게 주활동과 지원활동으로 크게 구분한다.
② 일반적으로 물류활동의 범위는 물적공급과정과 물적유통과정에 국한된다.
③ 물적공급과정은 원재료, 부품, 반제품, 중간재를 조달·생산하는 물류과정이다.
④ 물적유통과정은 생산된 재화가 최종 고객이나 소비자에게까지 전달되는 물류과정을 말한다.

● Advice ①은 기업물류의 활동에 해당한다.

19 다음 중 기업물류와 기업물류의 조직에 관한 설명으로 옳지 않은 것은?

① 기업 전체의 목표 내에서 물류관리자는 그 나름대로의 목표를 수립하여 기업 전체의 목표를 달성하는데 기여하도록 한다.
② 이윤증대와 비용절감을 위한 물류체계의 구축이 물류관리의 목표이다.
③ 물류관리자는 해당 기간 내에 투자에 대한 수익을 최소화 할 수 있도록 물류활동을 계획, 수행, 통제한다.
④ 기업물류는 생산비, 고용, 전략적인 측면에서 상당한 의미를 갖는다.

● Advice ③ 물류관리자는 해당 기간 내에 투자에 대한 수익을 최대화 할 수 있도록 물류활동을 계획, 수행, 통제한다.

20 다음 중 물류계획수립문제에 관한 설명으로 옳지 않은 것은?

① 물류네트워크의 구축 및 운영 시 비용과 수익이 적절히 균형을 이룰 수 있도록 해야 한다.
② 노드는 재고 보관지점들 간에 이루어지는 제품의 이동경로를 나타낸다.
③ 정보는 판매수익, 생산비용, 재고수준, 창고의 효용, 예측, 수송요율 등에 관한 것이다.
④ 물류체계의 각 요소들은 상호의존적이므로 물류시스템을 전체적으로 고찰할 필요가 있다.

● Advice ② 링크는 재고 보관지점들 간에 이루어지는 제품의 이동경로를 나타낸다.

정답 17.③ 18.① 19.③ 20.②

21 다음 중 물류계획수립의 주요 영역이 아닌 것은?

① 고객서비스 수준
② 설비의 가격
③ 재고의사결정
④ 수송의사결정

● Advice 계획수립의 주요 영역
  ㉠ 고객서비스 수준 : 시스템의 설계에 많은 영향을 끼치는 것으로, 전략적 물류계획을 수립할 시에 우선적으로 고려해야 할 사항은 적절한 고객서비스 수준을 설정하는 것이다.
  ㉡ 설비의 입지결정 : 보관지점과 여기에 제품을 공급하는 공급지의 지리적인 위치를 선정하는 것으로, 이는 비용이 최소가 되는 경로를 발견함으로써 이윤을 최대화하는 것이다.
  ㉢ 재고의사결정 : 재고를 관리하는 방법에 관한 것을 결정하는 것으로, 여기에는 재고보충규칙에 따라 보관지점에 재고를 할당하는 전략과 보관지점에서 재고를 인출하는 전략 두 가지가 있다.
  ㉣ 수송의사결정 : 수송수단 선택, 적재규모, 차량운행경로 결정, 일정계획.

22 다음 중 전략적 물류에 해당하지 않는 것은?

① 코스트 중심
② 제품효과 중심
③ 가격별 독립 수행
④ 부분 최적화 지향

● Advice 전략적 물류
  ㉠ 코스트 중심
  ㉡ 제품효과 중심
  ㉢ 기능별 독립 수행
  ㉣ 부분 최적화 지향
  ㉤ 효율 중심의 개념

23 물류전략의 핵심영역 중 실행영역에 해당하는 것은?

① 수송관리
② 고객서비스수준 결정
③ 조직 · 변화관리
④ 공급망 설계

● Advice 물류전략의 핵심영역
  ㉠ 전략수립 : 고객서비스수준 결정
  ㉡ 구조설계
    • 공급망설계
    • 로지스틱스 네트워크전략 구축
  ㉢ 기능정립
    • 창고설계 · 운영
    • 수송관리
    • 자재관리
  ㉣ 실행
    • 정보 · 기술관리
    • 조직 · 변화관리

24 다음 중 로지스틱스에 해당하지 않는 것은?

① 공급창출 중심
② 시장진출 중심
③ 기능의 통합화 수행
④ 전체 최적화 지향

● Advice 로지스틱스
  ㉠ 가치창출 중심
  ㉡ 시장진출 중심(고객 중심)
  ㉢ 기능의 통합화 수행
  ㉣ 전체 최적화 지향
  ㉤ 효과(성과) 중심의 개념

정답 ▶ 21.② 22.③ 23.③ 24.①

25 다음 중 수배송활동의 단계에 해당하지 않는 것은?

① 평가 ② 통제
③ 실시 ④ 계획

●Advice 수배송활동의 각 단계(계획-실시-통제)에서의 물류정보 처리 기능
  ㉠ 계획 : 수송수단 선정, 수송경로 선정, 수송로트(lot) 결정, 다이어그램 시스템 설계, 배송센터의 수 및 위치 선정, 배송지역 결정 등
  ㉡ 실시 : 배차 수배, 화물적재 지시, 배송지시, 발송정보 착하지에의 연락, 반송화물 정보관리, 화물의 추적 파악 등
  ㉢ 통제 : 운임계산, 자동차적재효율 분석, 자동차가동률 분석, 반품운임 분석, 비용기운임 분석, 오송 분석, 교착수송 분석, 사고분석 등

26 다음 중 전문가의 자질에 관한 설명으로 옳지 않은 것은?

① 분석력 : 최적의 물류업무 흐름 구현을 위한 분석 능력
② 기획력 : 경험과 관리기술을 바탕으로 물류전략을 입안하는 능력
③ 창조력 : 지식이나 노하우를 바탕으로 시스템 모델을 표현하는 능력
④ 판단력 : 정보기술을 물류시스템 구축에 활용하는 능력

●Advice 전문가의 자질
  ㉠ 분석력 : 최적의 물류업무 흐름 구현을 위한 분석 능력
  ㉡ 기획력 : 경험과 관리기술을 바탕으로 물류전략을 입안하는 능력
  ㉢ 창조력 : 지식이나 노하우를 바탕으로 시스템모델을 표현하는 능력
  ㉣ 판단력 : 물류관련 기술동향을 파악하여 선택하는 능력
  ㉤ 기술력 : 정보기술을 물류시스템 구축에 활용하는 능력
  ㉥ 행동력 : 이상적인 물류인프라 구축을 위하여 실행하는 능력
  ㉦ 관리력 : 신규 및 개발프로젝트를 원만히 수행하는 능력
  ㉧ 이해력 : 시스템 사용자의 요구(needs)를 명확히 파악하는 능력

27 로지스틱스 전략관리의 기본 요건에 해당하는 것은?

① 전문가의 행동
② 전문가의 관리
③ 전문가의 자질
④ 전문가의 이름

●Advice 로지스틱스 전략관리의 기본요건
  ㉠ 전문가 집단 구성
  ㉡ 전문가의 자질

28 다음 중 물류자회사에 관한 설명으로 옳지 않은 것은?

① 물류자회사는 모기업의 물류관련업무를 수행·처리하기 위하여 모기업의 출자에 의하여 별도로 설립된 자회사를 의미한다.
② 물류자회사는 물류비의 정확한 집계와 이에 따른 물류비 증가요소의 파악, 전문인력의 양성, 경제적인 투자결정 등 이점이 있다.
③ 물류자회사는 모기업의 물류효율화를 추진할수록 그 만큼 자사의 수입이 감소하는 이율배반적 상황에 직면하므로 궁극적으로 모기업의 물류효율화에 소극적인 자세를 보이게 된다.
④ 노무관리 차원에서 모기업으로부터의 인력퇴출 장소로 활용되어 인건비 상승에 대한 부담이 가중되기도 한다.

●Advice ② 물류자회사는 물류비의 정확한 집계와 이에 따른 물류비 절감요소의 파악, 전문인력의 양성, 경제적인 투자결정 등 이점이 있다.

정답 ▶ 25.① 26.④ 27.③ 28.②

29 화물자동차 운송의 효율성 지표로 옳지 않은 것은?

① 가동률 ② 적재율
③ 공차거리율 ④ 회전율

● Advice 화물자동차 운송의 효율성 지표
  ㉠ **가동률** : 화물자동차가 일정기간에 걸쳐 실제로 가동한 일수
  ㉡ **실차율** : 주행거리에 대해 실제로 화물을 싣고 운행한 거리의 비율
  ㉢ **적재율** : 최대적재량 대비 적재된 화물의 비율
  ㉣ **공차거리율** : 주행거리에 대해 화물을 싣지 않고 운행한 거리의 비율
  ㉤ 적재율이 높은 실차상태로 가동율을 높이는 것이 트럭운송의 효율성을 최대로 하는 것이다.

30 제3자 물류의 비중 확대로 인한 화주기업 측면 기대효과가 아닌 것은?

① 최고의 경쟁력을 보유하고 있는 기업 등과 통합·연계하는 공급망을 형성하여 공급망 대 공급망간 경쟁에서 유리한 위치를 차지할 수 있다.
② 조직 내 물류기능 통합화와 공급망상의 기업 간 통합·연계화로 자본, 운영시설, 재고, 인력 등의 경영자원을 효율적으로 활용할 수 있다.
③ 제3자 물류의 활성화는 물류산업의 수요기반 확대로 이어져 규모의 경제효과에 의해 효율성, 생산성 향상을 달성한다.
④ 물류시설 설비에 대한 투자부담을 제3자 물류업체에게 분산시킴으로써 유연성확보와 자가물류에 의한 물류효율화의 한계를 보다 용이하게 해소할 수 있다.

● Advice ③은 물류업체 측면 기대효과이다.

31 공급망관리에 있어서의 제4자 물류의 4단계에 해당하지 않는 것은?

① 1단계 : 계획 ② 2단계 : 전환
③ 3단계 : 이행 ④ 4단계 : 실행

● Advice 제4자 물류의 4단계
  ㉠ **1단계 – 재창조(Reinvention)** : 공급망에 참여하고 있는 복수의 기업과 독립된 공급망 참여자들 사이에 협력을 넘어서 공급망의 계획과 동기화에 의해 가능한 것으로, 재창조는 참여자의 공급망을 통합하기 위해서 비즈니스 전략을 공급망 전략과 제휴하면서 전통적인 공급망 컨설팅 기술을 강화한다.
  ㉡ **2단계 – 전환(Transformation)** : 이 단계는 판매, 운영계획, 유통관리, 구매전략, 고객서비스, 공급망 기술을 포함한 특정한 공급망에 초점을 맞추며, 전환(Transformation)은 전략적 사고, 조직변화관리, 고객의 공급망 활동과 프로세스를 통합하기 위한 기술을 강화한다.
  ㉢ **3단계 – 이행(Implementation)** : 제4자 물류(4PL)는 비즈니스 프로세스 제휴, 조직과 서비스의 경계를 넘은 기술의 통합과 배송운영까지를 포함하여 실행한다. 제4자 물류(4PL)에서 있어서 인적자원관리가 성공의 중요한 요소로 인식된다.
  ㉣ **4단계 – 실행(Execution)** : 제4자 물류(4PL) 제공자는 다양한 공급망 기능과 프로세스를 위한 운영상의 책임을 지고, 그 범위는 전통적인 운송관리와 물류 아웃소싱보다 범위가 크다. 조직은 공급망 활동에 대한 전체적인 범위를 제4자 물류(4PL) 공급자에게 아웃소싱할 수 있다. 제4자 물류(4PL) 공급자가 수행할 수 있는 범위는 제3자 물류(3PL) 공급자, IT회사, 컨설팅회사, 물류솔루션 업체들이다.

32 화물이 터미널을 경유하여 수송될 때 수반되는 자료 및 정보를 신속하게 수집하여 이를 효율적으로 관리하는 동시에 화주에게 적기에 정보를 제공해주는 시스템은?

① 수배송관리시스템
② 화물정보시스템
③ 터미널화물정보시스템
④ 창고관리시스템

정답 29.④ 30.③ 31.① 32.②

● Advice ① 주문상황에 대해 적기 수배송체계의 확립과 최적의 수배송계획을 수립함으로써 수송비용을 절감하려는 시스템
③ 수출계약이 체결된 후 수출품이 트럭터미널을 경유하여 항만까지 수송되는 경우 국내거래 시 한 터미널에서 다른 터미널까지 수송되어 수하인에게 이송될 때까지의 전 과정에서 발생하는 각종 정보를 전산시스템으로 수집, 관리, 공급, 처리하는 종합정보관리시스템

2 다음 중 물류서비스 기법과 관련된 용어가 아닌 것은?

① 픽업
② 제3자 물류
③ 신속대응
④ 전사적 품질관리

● Advice ① 화물실의 지붕이 없고, 옆판이 운전대와 일체로 되어 있는 화물자동차

03 화물운송서비스의 이해

1 트럭운송업계가 당면하고 있는 영역으로 옳지 않은 것은?

① 고객인 화주기업의 시장개척의 일부를 담당할 수 있는가.
② 의사결정에 필요한 정보를 적시에 제공할 수 있는가.
③ 소비자가 참가하는 물류의 신경쟁시대에 무엇을 무기로 하여 싸울 것인가.
④ 고도정보화시대, 그리고 살아남기 위한 진정한 협업화에 참가할 수 있는가.

● Advice 트럭운송업계가 당면하고 있는 영역
㉠ 고객인 화주기업의 시장개척의 일부를 담당할 수 있는가.
㉡ 소비자가 참가하는 물류의 신경쟁시대에 무엇을 무기로 하여 싸울 것인가.
㉢ 고도정보화시대, 그리고 살아남기 위한 진정한 협업화에 참가할 수 있는가.
㉣ 트럭이 새로운 운송기술을 개발할 수 있는가.
㉤ 의사결정에 필요한 정보를 적시에 수집할 수 있는가 등

3 다음 빈칸에 들어갈 용어는 무엇인가?

> _____은(는) 소비자 만족에 초점을 둔 공급망 관리의 효율성을 극대화하기 위한 모델로서, 제품의 생산단계에서부터 도매·소매에 이르기까지 전 과정을 하나의 프로세스로 보아 관련기업들의 긴밀한 협력을 통해 전체로서의 효율 극대화를 추구하는 효율적 고객대응기법이다.

① QR
② ECR
③ TRS
④ GPS

● Advice 효율적 고객대응(ECR ; Efficient Consumer Response)
효율적 고객대응(ECR)이 단순한 공급망 통합전략과 다른 점은 산업체와 산업체간에도 통합을 통하여 표준화와 최적화를 도모할 수 있다는 점이며, 신속대응(QR)과의 차이점은 섬유산업뿐만 아니라 식품 등 다른 산업부문에도 활용할 수 있다는 것이다.

정답 ▶ 1.② 2.① 3.②

4 다음에서 설명하고 있는 방법은 무엇인가?

> 이 방법은 기업경영에 있어서 제품이나 서비스를 만드는 모든 작업자가 품질에 대한 책임을 나누어 갖는다는 개념이다. 즉 불량품을 원천에서 찾아내고 바로잡기 위한 방안이며, 작업자가 품질에 문제가 있는 것을 발견하면 생산라인 전체를 중단시킬 수도 있다. 그러므로 이 방법은 물류활동에 관련되는 모든 사람들이 물류서비스 품질에 대하여 책임을 나누어 가지고 문제점을 개선하는 것이며, 물류서비스 품질관리 담당자 모두가 물류서비스 품질의 실천자가 된다는 내용이다.

① 3PL ; Third-party logistics
② QR ; Quick Response
③ ECR ; Efficient Consumer Response
④ TQC ; Total Quality Control

● Advice 전사적 품질관리(TQC)
물류서비스의 품질관리를 보다 효율적으로 하기 위해서는 물류현상을 정량화하는 것이 중요하다. 즉 물류서비스의 문제점을 파악하여 그 데이터를 정량화하는 것이 중요하다. 이렇게 하면 보다 효율적인 전사적 물류서비스 품질관리가 가능해진다. 물론 문제점을 수치로서 계량화할 수 없는 경우에는 정서적 정보를 이용하여 개선점을 찾는 전사적 품질관리(TQC)기법을 강구할 수도 있다.
원래 전사적 품질관리(TQC)는 통계적인 기법이 주요 근간을 이루나 조직 부문 또는 개인간 협력, 소비자 만족, 원가절감, 납기, 보다 나은 개선이라는 "정신"의 문제가 핵이 되고 있다.

5 다음 중 통합판매·물류·생산시스템(CALS)에 관한 설명으로 옳지 않은 것은?

① 정보화 시대의 기업경영에 필수적인 산업정보화에 적용된다.
② 중공업, 조선, 항공, 섬유, 전자, 물류 등의 정보전략화에 적용된다.
③ 과다서류와 기술자료의 중복 증가, 업무처리절차 증가, 소요시간 증가, 비용이 증가한다.
④ 동시공정, 에러검출, 순환관리 자동활용을 포함한 품질관리와 경영혁신 구현 등에 적용된다.

● Advice ③ 통합판매·물류·생산시스템(CALS)의 적용으로 과다서류와 기술자료의 중복 축소, 업무처리절차 축소, 소요시간 단축, 비용이 절감한다.
※ 통합판매·물류·생산시스템(CALS)의 도입 효과
  ㉠ CALS/EC는 새로운 생산·유통·물류의 패러다임으로 등장하고 있다. 이는 민첩생산시스템으로써 패러다임의 변화에 따른 새로운 생산시스템, 첨단생산시스템, 고객요구에 신속하게 대응하는 고객만족시스템, 규모경제를 시간경제로 변화, 정보인프라로 광역대 ISDN(B-ISDN)으로써 그 효과를 나타내고 있다.
  ㉡ CALS의 추진전략을 살펴보면, 정보화시대를 맞이하여 기업경영에 필수적인 산업정보화전략이라고 요약할 수 있다. 모든 정보기술과 통신기술의 통합화전략이며, 정보화사회의 새로운 생산모델 및 경영혁신수단이며, 정보의 공유와 활용으로 기업을 수평적이고 동시공학적(同時工學的) 체제로 전환함으로써 고객만족에 기반을 두게 되었으며, 시장의 개방화와 전자상거래의 확산에 따른 정보의 글로벌화와 함께 21세기 정보화사회의 핵심전략으로서 부각되고 있다.
  ㉢ 또 하나 특이한 CALS/EC의 도입효과로는 CALS/EC가 기업통합과 가상기업을 실현할 수 있을 것이란 점이다. 이는 기술정보를 통합 및 공유한 세계화된 실시간 경영실현을 통해 기업통합이 가능할 것이란 점이며, 또한 정보시스템의 연계는 조직의 벽을 허물어 가상기업(virtual enterprise, VE)의 출현을 낳게 하고 이는 기업내 또는 기업간 장벽을 허물 것이란 점이다.

정답 4.④ 5.③

ⓔ 가상기업이란 급변하는 상황에 민첩하게 대응키 위한 전략적 기업제휴를 의미한다. 여기서는 정보시스템으로 동시공학체제를 갖춘 생산·판매·물류시스템과 경영시스템을 확립한 기업, 시장의 급속한 변화에 대응키 위해 수익성 낮은 사업은 과감히 버리고 리엔지니어링을 통해 경쟁력 있는 사업에 경영자원을 집중투입 필요한 정보를 공유하면서 상품의 공동개발을 실현, 제품단위 또는 프로젝트 단위로 기동적인 기업간 제휴를 할 수 있는 수평적 네트워크형 기업관계 형성을 의미한다.

ⓜ 한국무역정보통신(KTNET)은 KT·EDI를 개발한 이후 이를 토대로 CALS 분야의 선두주자로 부상하고 있다. 동 회사는 1996년 4월 건설교통부의 종합물류사업권을 획득하고 종합물류망에 지능형수송시스템(ITS)을 결합하는 무선데이터사업의 추진과 함께 지리정보시스템(GIS)을 겸한 서비스를 시작하여 향후 가상기업의 출현을 가능하게 하는 서비스를 제공할 것이다.

6 다음 중 공급망관리에 관한 설명으로 옳지 않은 것은?

① 공급망관리는 기업간 분리를 기본 배경으로 한다.
② 공급망 내의 각 기업은 상호 협력하여 공급망 프로세스를 재구축하고, 업무협약을 맺으며, 공동전략을 구사한다.
③ 공급망관리란 공급망 내의 각 기업간에 긴밀한 협력을 통해 공급망인 전체의 물자의 흐름을 원활하게 하는 공동전략을 말한다.
④ 공급망은 최종소비자의 손에 상품과 서비스 형태의 가치를 가져다주는 여러 가지 다른 과정과 활동을 포함하는 조직의 네트워크를 말한다.

● Advice ① 공급망관리는 기업간 협력을 기본 배경으로 한다.

7 차량위치추적을 통한 물류관리에 이용되는 통신망은?

① TRS ② GPS
③ ECR ④ TPL

● Advice GPS … 관성항법과 더불어 어두운 밤에도 목적지에 유도하는 측위통신망으로써 그 유도기술의 핵심이 되는 것은 인공위성을 이용한 범지구측위시스템이며, 주로 차량위치추적을 통한 물류관리에 이용되는 통신망이다.

8 주파수 공용통신(TRS) 도입 효과 중 기능별 효과에 해당하는 것은?

① 사전배차계획 수립과 배차계획 수정이 가능해지며, 차량의 위치추적기능의 활용으로 도착시간의 정확한 추정이 가능해진다.
② 체크아웃 포인트의 설치나 화물추적기능 활용으로 지연사유 분석이 가능해져 표준운행시간 작성에 도움을 줄 수 있다.
③ 차량의 운행정보 입수와 본부에서 차량으로 정보전달이 용이해지고 차량으로 접수한 정보의 실시간 처리가 가능해지며, 화주의 수요에 신속히 대응할 수 있다는 점이며 또한 화주의 화물추적이 용이해진다.
④ 고장차량에 대응한 차량 재배치나 지연사유 분석이 가능해진다.

● Advice ① 차량운행 측면 효과
② 집배송 측면 효과
④ 차량 및 운전자관리 측면 효과

정답 ▶ 6.① 7.② 8.③

9 기업들이 시간과의 경쟁에서 우위를 확보하기 위하여 기존의 JIT 전략보다 더 신속하고 민첩한 체계를 통하여 물류효율화를 추구하게 되었는데 이에 출현한 시스템으로 생산·유통기간의 단축, 재고의 감소, 반품손실의 감소 등 생산·유통의 각 단계에서 효율화를 실현하고 그 성과를 생산자, 유통관계자, 소비자에게 골고루 돌아가게 하는 기법은?

① ECR
② QR
③ CALS
④ TQC

> **Advice** ① 소비자 만족에 초점을 둔 공급망 관리의 효율성을 극대화하기 위한 모델로서, 제품의 생산단계에서부터 도매·소매에 이르기까지 전 과정을 하나의 프로세스로 보아 관련기업들의 긴밀한 협력을 통해 전체로서의 효율 극대화를 추구하는 효율적 고객대응기법을 말한다.
> ③ 제품의 생산에서 유통 그리고 로지스틱스의 마지막 단계인 폐기까지 전 과정에 대한 정보를 한 곳에 모은다는 의미에서 통합유통·물류·생산시스템이라 한다. 특정 시스템의 개발기간 단축, 유통비와 물류비의 절감, 상품의 품질향상 등 산업전반의 생산성과 경쟁력을 향상시킬 수 있다는 기대 속에 기업들이 도입하고 있는 시스템이다.
> ④ 제품이나 서비스를 만드는 모든 작업자가 품질에 대한 책임을 나누어 갖는다는 개념이다. 즉 불량품을 원천에서 찾아내고 바로잡기 위한 방안이며, 작업자가 품질에 문제가 있는 것을 발견하면 생산라인 전체를 중단시킬 수도 있다. 그러므로 물류의 전사적 품질관리(TQC)는 물류활동에 관련되는 모든 사람들이 물류서비스 품질에 대하여 책임을 나누어 가지고 문제점을 개선하는 것이며, 물류서비스 품질관리 담당자 모두가 물류서비스 품질의 실천자가 된다는 내용이다.

04 화물운송서비스와 문제점

1 다음 중 물류고객서비스에 관한 설명으로 옳은 것은?

① 고객서비스의 수준은 얼마만큼의 잠재고객이 고객으로 바뀔 것인가를 결정하게 된다.
② 물류 부문의 고객서비스에는 기존 고객의 유지 확보를 도모하고 잠재적 고객이나 기존고객의 획득을 도모하기 위한 수단이라는 의의가 있다.
③ 물류 부문의 고객서비스란 제조업자나 유통업자가 그 물류활동의 수행을 통하여 고객에게 발주·구매한 제품에 관하여 단순하게 물류서비스를 제공하는 것이다.
④ 물류고객서비스의 정의는 주문처리, 송장작성 내지는 고객의 고충처리와 같은 것을 관리해야 하는 활동, 수취한 수분을 72시간 이내에 배송 할 수 있는 능력과 같은 성과척도 등을 말한다.

> **Advice** ② 물류 부문의 고객서비스에는 기존 고객의 유지 확보를 도모하고 잠재적 고객이나 신규고객의 획득을 도모하기 위한 수단이라는 의의가 있다.
> ③ 물류 부문의 고객서비스란 제조업자나 유통업자가 그 물류활동의 수행을 통하여 고객에게 발주·구매한 제품에 관하여 단순하게 물류서비스를 제공하는 것이 아니라 그 물류활동을 보다 확실하게 효율적으로, 보다 정확하게 수행함으로써 보다 나은 물류서비스를 제공하는 것이다.
> ④ 물류고객서비스의 정의는 주문처리, 송장작성 내지는 고객의 고충처리와 같은 것을 관리해야 하는 활동, 수취한 주문을 48시간 이내에 배송 할 수 있는 능력과 같은 성과척도, 하나의 활동 내지는 일련의 성과척도라기보다는 전체적인 기업철학의 한 요소 등 3가지를 말한다.

정답 9.② / 1.①

2 물류고객서비스 요소에 관한 설명으로 옳지 않은 것은?

① 주문처리시간 : 고객주문의 수취에서 상품구색의 준비를 마칠 때까지의 경과시간
② 주문품의 상품구색시간 : 고객에게로의 배송시간
③ 재고신뢰성 : 품절, 백오더, 주문충족률, 납품률 등
④ 주문량의 제약 : 허용된 최소주문량과 최소주문금액

● Advice ② 납기 : 고객에게로의 배송시간, 즉 상품구색을 갖춘 시점에서 고객에게 주문품을 배송하는데 소요되는 시간

3 고객서비스전략을 구축할 때 가장 먼저 고려되어야 할 사항은 무엇인가?

① 무엇이 필요한 서비스인가
② 매출 증가량은 얼마인가
③ 무엇을 최우선으로 생각할 것인가
④ 고객이 만족하여야만 하는 서비스정책은 무엇인가

● Advice ③ 주안점을 물류코스트를 내리는 것에 둘 것인가, 서비스 수준을 향상시키는데 둘 것인가를 결정하지 않으면 안 된다. 단 그 가운데 조금이라도 물류코스트의 성과가 오르도록 컨설턴트와 같은 물류전문가나 물류회사의 지혜를 빌리면서 노력하는 것이다.

4 다음 중 물류고객서비스 요소 중 거래 전 요소에 해당하는 것은?

① 고객의 클레임
② 시스템의 정확성
③ 시스템의 유연성
④ 예비품의 이용가능성

● Advice 거래요소
㉠ 거래 전 요소 : 문서화된 고객서비스 정책 및 고객에 대한 제공, 접근가능성, 조직구조, 시스템의 유연성, 매니지먼트 서비스
㉡ 거래 시 요소 : 재고품절 수준, 발주 정보, 주문사이클, 배송촉진, 환적, 시스템의 정확성, 발주의 편리성, 대체 제품, 주문 상황 정보
㉢ 거래 후 요소 : 설치, 보증, 변경, 수리, 부품, 제품의 추적, 고객의 클레임, 고충·반품처리, 제품의 일시적 교체, 예비품의 이용가능성

5 다음 중 영업용 운송에 관한 내용으로 가장 옳지 않은 것은?

① 설비투자나 또는 인적 투자 등이 필요 없다.
② 물동량의 변동에 대응한 안정수송이 가능하다.
③ 일관 운송시스템의 구축이 곤란하다.
④ 돌발적인 수요증가에 대한 탄력적 대응이 불가능하다.

● Advice 영업용 운송은 돌발적인 수요의 증가에 대한 탄력적 대응이 가능하다.

6 다음 중 택배운송서비스 고객 불만사항으로 옳지 않은 것은?

① 약속시간을 지키지 않는다.
② 전화도 없이 불쑥 나타난다.
③ 임의로 다른 사람에게 맡기고 간다.
④ 경비실이 있는데도 고객에게 배달한다.

● Advice ④ 사람이 있는데도 경비실에 맡기고 간다.

정답 2.② 3.③ 4.③ 5.④ 6.④

7 다음 중 택배운송서비스 고객요구사항이 아닌 것은?

① 착불요구
② 판매용 화물 오후 배달
③ 냉동화물 우선 배달
④ 규격 초과화물 인수 요구

● Advice ② 판매용 화물 오전 배달

8 택배종사자의 서비스 자세로 옳지 않은 것은?

① 애로사항이 있더라도 극복하고 고객만족을 위하여 최선을 다한다.
② 진정한 택배종사자로서 대접받을 수 있도록 행동한다.
③ 상품을 구매하고 있다고 생각한다.
④ 복장과 용모, 언행을 통제한다.

● Advice ③ 상품을 판매하고 있다고 생각한다.

9 택배의 대리 인계 방법으로 옳지 않은 것은?

① 대리 인계 기피 장소는 옆집, 경비실, 친척집 등이 있다.
② 전화로 사전에 대리 인수자를 지정받는다.
③ 수하인이 부재중인 경우 외에는 대리 인계를 절대 해서는 안 된다.
④ 불가피하게 대리 인계를 할 때는 확실한 곳에 인계해야 한다.

● Advice ① 옆집, 경비실, 친척집 등은 대리 인계를 하기에 적절한 장소이다.

10 자가용 트럭운송의 장점이 아닌 것은?

① 높은 신뢰성이 확보된다.
② 수송비가 저렴하다.
③ 작업의 기동성이 높다.
④ 안정적 공급이 가능하다.

● Advice ②는 영업용 트럭운송의 장점이다.

정답 ▶ 7.② 8.③ 9.① 10.②

11 철도와 선박과 비교한 트럭 운송에 대한 내용으로 옳지 않은 것은?

① 문전에서 문전까지 배송서비스를 탄력적으로 행할 수 있고 중간하역이 불필요하며, 포장의 간소화·간략화가 가능할 뿐 아니라 다른 수송기관과 연동하지 않고도 일관된 서비스를 할 수 있어 싣고 부리는 횟수가 적어도 된다.
② 수송단위가 많고 연료비나 인건비 등 수송단가가 낮다.
③ 진동, 소음, 스모그 등의 공해 문제, 유류의 다량소비에서 오는 자원 및 에너지절약 문제 등 편익성의 이면에는 해결해야 할 많은 문제점이 있다.
④ 도로망의 정비, 트럭터미널, 정보를 비롯한 트럭수송 관계의 공공투자를 계속적으로 수행하고, 전국 트레일러 네트워크의 확립을 축으로 수송기관 상호의 인터페이스의 원활화를 급속히 실현하여야 한다.

● Advice 트럭 수송은 수송 단위가 작고 연료비나 장거리의 경우 인건비 등 수송단가가 높다는 단점을 가지고 있다.

12 영업용 트럭운송의 장점으로 옳지 않은 것은?

① 물동량의 변동에 대응한 안정수송이 가능하다.
② 인적투자 및 설비투자가 필요하지 않다.
③ 수송능력이 높으며 융통성도 높다.
④ 기동성 및 관리기능이 높다.

● Advice 영업용 트럭운송의 장·단점
㉠ 장점
 • 수송비가 저렴하다.
 • 물동량의 변동에 대응한 안정수송이 가능하다.
 • 수송능력이 높다.
 • 융통성이 높다.
 • 설비투자가 필요 없다.
 • 인적투자가 필요 없다.
 • 변동비 처리가 가능하다.
㉡ 단점
 • 운임의 안정화가 곤란하다.
 • 관리기능이 저해된다.
 • 기동성이 부족하다.
 • 시스템의 일관성이 없다.
 • 인터페이스가 약하다.
 • 마케팅 사고가 희박하다.

13 트럭 운송이 국내 운송의 대부분을 차지하고 있다는 사실에 대한 이유로 보기 어려운 것은?

① 트럭 운송의 기동성이 산업계의 요청에 가장 적합하기 때문이다.
② 트럭 운송은 철도 운송에 비해 독점적이고 경쟁원리가 작용하지 않기 때문이다.
③ 고속도로의 건설 등 도로시설에 대한 투자확충으로 기반시설이 확대되어 있기 때문이다.
④ 소비의 다양화, 소량화가 현저하고 제3차 산업으로의 전환이 강해져 트럭 운송의 수요가 더욱더 커졌기 때문이다.

● Advice 트럭 운송의 경쟁자인 철도 운송에서는 국철의 화물수송이 독립적으로 시장을 지배해 왔던 관계로 경쟁원리가 작용하지 않게 되고 그 지위가 낮기 때문이다.

정답 11.② 12.④ 13.②

14 국내 화주기업 물류의 문제점으로 옳지 않은 것은?

① 각 업체의 독자적 물류기능 보유
② 제3자 물류 기능의 강화
③ 시설간·업체간 표준화 미약
④ 제조·물류 업체간 협조성 미비

> Advice 국내 화주기업 물류의 문제점
> ㉠ 각 업체의 독자적 물류기능 보유
> ㉡ 제3자 물류 기능의 약화
> ㉢ 시설간·업체간 표준화 미약
> ㉣ 제조·물류 업체간 협조성 미비
> ㉤ 물류 전문업체의 물류 인프라 활용도 미약

15 다음 중 트럭운송의 전망으로 옳지 않은 것은?

① 트레일러 수송과 도킹시스템화
② 바꿔 태우기 수송과 이어타기 수송
③ 컨테이너 및 파렛트 수송의 약화
④ 집배 수송용차의 개발과 이용

> Advice 트럭운송의 전망
> ㉠ 고효율화
> ㉡ 왕복실차율을 높인다.
> ㉢ 트레일러 수송과 도킹시스템화
> ㉣ 바꿔 태우기 수송과 이어타기 수송
> ㉤ 컨테이너 및 파렛트 수송의 강화
> ㉥ 집배 수송용차의 개발과 이용
> ㉦ 트럭터미널

정답 14.② 15.③

PART 02 실전 모의고사

제 **1** 회 실전 모의고사

제 **2** 회 실전 모의고사

제 **1** 회 정답 및 해설

제 **2** 회 정답 및 해설

제1회 실전모의고사

정답_ 153p

제1과목 교통 및 화물자동차 운수사업 관련 법규

1 다음 중 「자동차관리법」에 따른 자동차의 분류에 해당하지 않는 것은?

① 승용자동차
② 화물자동차
③ 원동기장치자전거
④ 오토바이

2 일반도로에서 차량신호등에 대한 설명으로 옳지 않은 것은?

① 녹색 신호등이 등화되면 차마는 직진 또는 우회전을 할 수 있다.
② 황색 신호등이 등화되면 차마가 이미 교차로에 일부라도 진입한 경우에는 신속히 교차로 밖으로 진행하여야 한다.
③ 적색 신호등이 등화되면 차마는 정지선, 횡단보도 직전에서 정지하여야 한다.
④ 황색 신호등이 등화되면 비보호좌회전표지가 있는 곳에서는 좌회전 할 수 있다.

3 다음의 노면표시가 나타내는 것은 무엇인가?

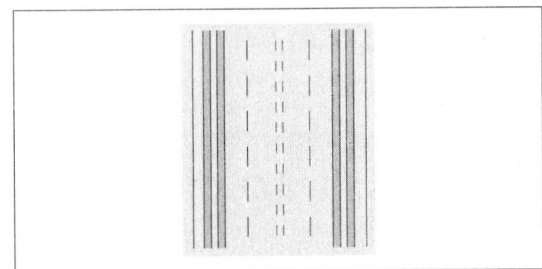

① 직진 및 좌회전금지
② 정차·주차금지
③ 직진 및 우회전금지
④ 노상장애물

4 다음 중 편도 3차로 이상 고속도로에서 왼쪽 차로로 통행할 수 있는 차량은?

① 승용자동차   ② 대형승합자동차
③ 이륜자동차   ④ 화물자동차

5 차마의 운전자가 도로의 중앙이나 좌측부분을 통행할 수 있는 경우가 아닌 것은?

① 도로가 일방통행인 경우
② 안전표지 등으로 앞지르기를 금지하거나 제한하고 있는 경우
③ 도로의 파손, 도로공사나 그 밖의 장애 등으로 도로의 우측 부분을 통행할 수 없는 경우
④ 도로 우측 부분의 폭이 차마의 통행에 충분하지 아니한 경우

6 편도 1차로인 일반도로의 최고속도는 얼마인가?

① 매시 80km 이내
② 매시 70km 이내
③ 매시 60km 이내
④ 제한 없음

7 다음 중 최고속도의 20%를 줄인 속도로 운행해야 하는 상태에 해당하는 것은?

① 폭우로 인하여 가시거리가 100m 이내인 경우
② 노면이 얼어붙은 경우
③ 비가 내려 노면이 젖어 있는 경우
④ 눈이 20mm 이상 쌓인 경우

8 다음 중 자동차를 일시정지 하여야 하는 장소가 아닌 곳은?

① 철길 건널목을 통과하려는 경우 철길 건널목 앞
② 차량신호등이 녹색등화의 점멸인 경우
③ 어린이가 보호자 없이 도로를 횡단할 경우
④ 지체장애인이나 노인이 도로를 횡단하고 있는 경우

9 도로교통법령상 화물자동차의 적재기준에 대한 설명으로 옳지 않은 것은?

① 화물자동차의 적재중량은 구조 및 성능에 따르는 적재중량의 110% 이내이어야 한다.
② 화물자동차의 길이의 그 10분의 1을 더한 길이를 넘어서는 화물을 적재하여서는 아니 된다.
③ 화물자동차 후사경으로 뒤쪽을 확인할 수 있는 범위의 너비를 초과하여 적재하여서는 아니 된다.
④ 화물자동차는 지상으로부터 2미터 이상의 높이로 화물을 적재하여서는 아니 된다.

10 다음 중 교통법규 위반 벌점이 10점이 아닌 것은?

① 지정차로 통행위반
② 전용차로 통행위반
③ 주차·정차금지위반
④ 안전거리 미확보

11 다음 중 교통사고처리특례법의 혜택을 받을 수 없는 사고는?

① 불가항력적으로 중앙선을 침범한 사고
② 중앙선이 없는 도로에서 중앙 부분을 침범한 사고
③ 제한속도를 매시 10km 초과하여 운전하다 일으킨 사고
④ 보도가 설치된 도로의 보도를 침범한 사고

12 교통사고처리특례법의 특례대상인 사고는?

① 사고 후 피해자를 유기하고 도주한 사고
② 제한속도를 20km 초과한 속도로 운전 중 야기한 사고
③ 앞지르기를 위반하다가 야기한 사고
④ 빙판에 미끄러져 중앙선을 침범한 사고

13 다음 중 교통사고의 도주사고로 보기 어려운 사례는?

① 운전자를 바꿔치기 하여 신고한 경우
② 피해자를 병원까지만 후송하고 계속 치료 받을 수 있는 조치 없이 도주한 경우
③ 가해자가 심한 부상을 입어 타인에게 의뢰하여 피해자를 후송 조치한 경우
④ 사고현장에 있었어도 사고사실을 은폐하기 위해 거짓진술·신고한 경우

14 다음 중 화물자동차 운수사업의 운전업무 종사자격 요건으로 옳지 않은 것은?

① 국토교통부령으로 정하는 연령·운전경력 등 운전업무에 필요한 요건을 갖출 것
② 화물자동차 운수사업법령, 화물취급요령 등에 관하여 국토교통부장관이 시행하는 시험에 합격하고 정하여진 교육을 받을 것
③ 국토교통부령으로 정하는 운전적성에 대한 정밀검사기준에 맞을 것
④ 자동차운전전문학원에서 국토교통부장관이 실시하는 이론 및 실기 교육을 이수할 것

15 화물자동차 운수사업법령상 운송약관에 기재하여야 하는 사항이 아닌 것은?

① 사업의 종류
② 운임 및 요금의 환급에 관한 사항
③ 화물의 인도·인수에 관한 사항
④ 책임보험계약에 관한 사항

16 화물자동차 운수사업법령상 화물자동차 운송사업의 허가사항 변경신고를 국토교통부장관에게 하여야 하는 사항이 아닌 것은?

① 관할 관청의 행정구역 밖으로의 주사무소·영업소 및 화물취급소의 이전
② 화물취급소의 설치 또는 폐지
③ 화물자동차의 대폐차
④ 상호의 변경

17 화물자동차 운수사업법령상 책임보험계약등의 해제 또는 해지의 사유가 아닌 것은?

① 화물자동차 운송사업의 허가사항의 변경(감차만을 말한다.)
② 화물자동차 운송사업의 감차 조치 명령
③ 화물자동차 운송가맹사업의 허가사항의 변경(감차만을 말한다.)
④ 화물자동차 운송주선사업의 감차 조치 명령

18 화물자동차 운수사업법령상 운송사업자에 관한 설명으로 옳은 것은?

① 운송사업자는 운임과 요금을 정하여 국토교통부장관에게 인가를 받아야 한다.
② 운송사업자는 운송약관을 정하여 국토교통부장관에게 신고하여야 한다.
③ 운송사업자가 상호를 변경하는 경우 국토교통부장관에게 변경허가를 받아야 한다.
④ 화물자동차 운송사업을 양도·양수하려는 경우 양도인은 국토교통부장관에게 신고하여야 한다.

19 화물자동차 운수사업법령상 화물자동차 운송가맹사업의 허가기준에 관한 설명으로 옳지 않은 것은? (단, 감경은 고려하지 않음)

① 운송가맹점이 소유하는 화물자동차 대수를 포함하여 화물자동차가 50대 이상이고, 8개 이상의 시·도에 각각 5대 이상 분포되어야 한다.
② 사무실 및 영업소로 영업에 필요한 면적을 확보해야 한다.
③ 그 밖의 운송시설로 화물정보망 이외의 시설을 갖추어야 한다.
④ 화물자동차를 직접 소유하는 경우 최저보유 차고면적은 화물자동차 1대당 그 화물자동차의 길이와 너비를 곱한 면적이다.

20 화물자동차 운수사업법상 운송사업자가 준수하여야 할 사항에 대한 내용으로 옳지 않은 것은?

① 운송사업자는 고장 및 사고차량 등 화물의 운송과 관련하여 자동차관리법에 따른 자동차관리사업자와 부정한 금품을 주고받아서는 아니 된다.
② 운송사업자는 화물운송의 대가로 받은 운임 및 요금의 전부 또는 일부에 해당되는 금액을 부당하게 화주, 다른 운송사업자 또는 화물자동차 운송주선사업을 경영하는 자에게 되돌려주는 행위를 하여서는 아니 된다.
③ 운송사업자는 화물자동차 운송사업을 양도·양수하는 경우에는 양도·양수에 소요되는 비용을 위·수탁차주가 직접 부담하게 해야 한다.
④ 운송사업자는 위·수탁차주가 다른 운송사업자와 동시에 1년 이상의 운송계약을 체결하는 것을 제한하거나 이를 이유로 불이익을 주어서는 아니 된다.

21 화물자동차 운수사업법령상 내용으로 옳은 것은?

① 견인형 특수자동차를 사용하여 컨테이너를 운송하는 운송사업자 또는 화물자동차를 직접 소유한 운송가맹사업자는 운임과 요금을 정하여 미리 국토교통부장관에게 신고하여야 한다.
② 화물의 멸실·훼손 또는 인도의 지연으로 발생한 운송사업자의 손해배상 책임에 관하여는 민법을 준용한다.
③ 화물이 인도기한이 지난 후 1개월 이내에 인도되지 아니하면 그 화물은 멸실된 것으로 본다.
④ 국토교통부장관은 화주가 분쟁조정을 요청하면 1개월 내에 그 사실을 확인하고 손해내용을 조사한 후 조정안을 작성하여야 한다.

22 자동차관리법상 10인 이하를 운송하기에 적합하게 제작된 자동차를 의미하는 것은?

① 승용자동차 ② 승합자동차
③ 화물자동차 ④ 특수자동차

23 다음 중 자동차의 튜닝이 승인되는 경우에 해당하는 것은?

① 총중량이 증가되는 튜닝
② 최대적재량을 감소시켰던 자동차를 원상회복하는 경우
③ 자동차의 종류가 변경되는 튜닝
④ 변경전보다 성능 또는 안전도가 저하될 우려가 있는 경우의 변경

24 도로법령상 도로에 관한 금지행위에 대한 설명으로 옳지 않은 것은?

① 정당한 사유 없이 도로를 파손하는 행위
② 도로공단에 허가를 받아 도로에 토석을 쌓아놓는 행위
③ 그 밖에 도로의 구조나 교통에 지장을 주는 행위
④ 고속도로가 아닌 도로를 파손하여 교통을 방해하거나 교통에 위험을 발생하게 한 자는 10년 이하의 징역이나 1억 원 이하의 벌금

25 다음 중 국가나 지방자치단체가 저공해자동차의 보급, 배출가스저감장치의 부착 및 교체, 저공해엔진으로의 개조 및 교체를 촉진하기 위하여 자금을 보조하거나 융자할 수 있는 자가 아닌 자는?

① 저공해자동차를 구입하거나 저공해자동차로 개조하는 자
② 전기를 연료로 사용하는 자동차에 전기를 충전하기 위한 시설을 설치하는 자
③ 배출가스저감장치를 부착 또는 교체하거나 자동차의 엔진을 저공해엔진으로 개조 또는 교체하는 자
④ 자동차의 천연가스 관련 부품을 교체하는 자

제2과목 화물취급요령

1 운송장의 기능에 관한 설명으로 옳지 않은 것은?

① 계약서의 기능
② 운송요금 영수증의 기능
③ 화물인수증의 기능
④ 유가증권의 기능

2 다음 중 운송장의 형태가 아닌 것은?

① 기본형 운송장
② 보조운송장
③ 스티커형 운송장
④ 자석형 운송장

3 다음 중 송하인이 기재할 사항으로 옳지 않은 것은?

① 주소
② 운송료
③ 자필 서명
④ 물품의 품명

4 포장 활동에 대한 설명으로 옳지 않은 것은?

① 물적 유통활동에서 포장이라 함은 상업포장을 말한다.
② 포장이란 물품을 수송하거나 보관함에 있어서 가치 및 상태를 보호하기 위한 수단이다.
③ 포장은 적절한 재료, 용기 등을 이용하여 물품에 가하는 기술과 그 기술을 가한 상태를 말하며 형태에 따라서 상업, 공업포장으로 구분된다.
④ 포장의 종류는 개장, 내장, 외장이 있다.

5 다음 중 포장의 기능이 아닌 것은?

① 보호성 ② 표시성
③ 유연성 ④ 편리성

6 일반화물의 취급표시를 나타낸 화인 ㉠과 ㉡의 명칭을 올바르게 나열한 것은?

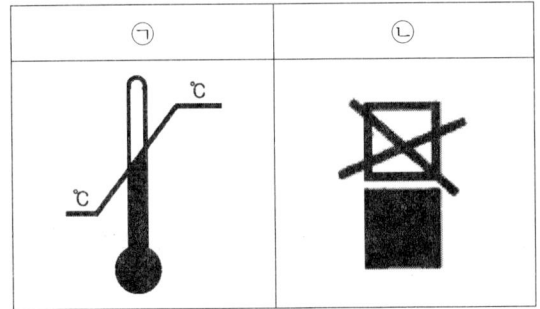

① ㉠ : 온도제한, ㉡ : 적재 단수 제한
② ㉠ : 화기엄금, ㉡ : 직사광선, 열차폐
③ ㉠ : 온도제한, ㉡ : 적재 금지
④ ㉠ : 온도제한, ㉡ : 젖음방지

7 다음 중 포장방법에 대한 설명으로 옳지 않은 것은?

① 방습포장 : 포장내부에 물이 침입하는 것을 방지하는 포장
② 방청포장 : 녹의 발생을 막기 위하여 하는 포장방법
③ 완충포장 : 외부 압력을 완화시키는 포장방법
④ 진공포장 : 포장된 상태에서 공기를 빨아들여 밖으로 뽑아버리는 포장방법

8 화물 운반시 주의해야 할 사항으로 옳지 않은 것은?

① 운반하는 물건이 시야를 가리지 않도록 주의한다.
② 화물을 운반할 때에는 너무 무거운 경우 뒷걸음질로 운반하도록 한다.
③ 화물자동차에서 화물을 내릴 때 로프를 풀거나 옆문을 열 때는 화물낙하 여부를 확인하고 안전위치에서 행해야 한다.
④ 작업장 주변의 화물상태 및 차량 통행 등에 주의하도록 한다.

9 화물의 하역방법에 대한 설명으로 옳지 않은 것은?

① 상자로 된 화물은 취급 표지에 따라 다루도록 한다.
② 포대화물을 적치할 때에는 겹쳐쌓기, 벽돌쌓기, 단별방향 바꾸어 쌓기 등 기본형으로 쌓고 올라가면서 중심을 향하여 적당히 끌어 당겨야 하며 화물더미의 주위와 중심이 일정하게 쌓아야 한다.
③ 원목과 같은 원기둥형의 화물은 열을 지어 정방형을 만들고 그 위에 직각으로 열을 지어 쌓거나 또는 열 사이에 끼워 쌓는 방법으로 하되 구르기 쉬우므로 외측에 제동장치를 해야 한다.
④ 제재목을 적치할 때에는 건너지르는 대목을 2개소에 놓아야 한다.

10 화물을 운반하는 방법 중 물품을 들어 올릴 때의 자세 및 방법에 대한 내용으로 적절하지 못한 것은?

① 몸의 균형을 유지하기 위하여 발은 어깨 넓이만큼 벌리고 물품으로 향한다.
② 물품과 몸의 거리는 물품의 크기에 따라 다르나, 물품을 수평으로 들어 올릴 수 있는 위치에 몸을 준비한다.
③ 물품을 들 때에는 허리를 똑바로 펴야 한다.
④ 허리의 힘으로 드는 것이 아니고 무릎을 굽혀 펴는 힘으로 물품을 든다.

11 다음 중 차량 내 적재방법으로 옳지 않은 것은?

① 화물자동차에 화물을 적재할 때는 한쪽으로 기울지 않게 쌓는다.
② 트랙터 차량의 캡과 적재물의 간격을 150㎝ 이상으로 유지해야 한다.
③ 가벼운 화물이라도 너무 높게 적재하지 않도록 한다.
④ 볼트와 같이 세밀한 물건은 상자 등에 넣어 적재한다.

12 다음 중 화물운반방법에 관한 설명으로 옳지 않은 것은?

① 물품의 운반에 적합한 장갑을 착용하고 작업한다.
② 작업할 때 집게 또는 자석 등 적절한 보조 공구를 사용하여 작업한다.
③ 단독으로 화물을 운반하고자 할 때 일시작업 시 성인남자는 10~15kg이 기준이다.
④ 물품을 운반하고 있는 사람과 마주치면 그 발밑을 방해하지 않게 피해준다.

13 파렛트의 가장자리를 높게 하여 포장화물을 안쪽을 기울여 화물이 갈라지는 것을 방지하는 화물붕괴 방지 방식은?

① 스트레치 방식
② 슈링크 방식
③ 주연어프 방식
④ 슬립멈추기 시트삽입 방식

14 사람의 신체를 이용하여 화물을 하역하는 것을 수하역이라 한다. 다음 중 수하역을 실시할 경우 요하역의 낙하의 높이는?

① 10cm
② 40cm
③ 80cm
④ 100cm

15 화물인수증의 관리요령에 대한 설명으로 옳지 않은 것은?

① 수령인이 물품의 수하인과 다른 경우 반드시 수하인과의 관계를 기재하도록 한다.
② 인수증 상에 인수자 서명을 운전자가 임의 기재하여도 상관이 없다.
③ 물품 인도일 기준으로 1년 이내 인수 근거 요청이 있을 경우 입증자료로 제시할 수 있으므로 관리를 철저히 하도록 한다.
④ 인수증은 반드시 인수자 확인란에 수령인이 누구인지 인수자가 자필로 바르게 적도록 한다.

제3과목 안전운행

1 교통사고의 3대 요인에 해당하지 않는 것은?

① 인적요인
② 인지요인
③ 차량요인
④ 도로요인

2 운전자의 시각특성에 대한 설명으로 옳지 않은 것은?

① 운전자는 운전에 필요한 정보의 대부분을 시각을 통하여 획득한다.
② 속도가 빨라질수록 시력은 떨어진다.
③ 속도가 빨라질수록 시야의 범위가 넓어진다.
④ 속도가 빨라질수록 전방주시점은 멀어진다.

3 야간에 운전자가 보행자를 인지하기에 가장 좋은 색상은?

① 흑색 ② 흰색
③ 적색 ④ 황색

4 어두운 곳에서 가로 폭보다 세로 폭의 길이를 보다 넓은 것으로 판단하는 착각은?

① 원근의 착각
② 속도의 착각
③ 크기의 착각
④ 상반의 착각

5 고령자의 교통안전 장애요인으로 볼 수 없는 것은?

① 고령자의 시각능력
② 고령자의 청각능력
③ 고령자의 사고능력
④ 고령자의 후각능력

6 다음 중 자동차의 주요 안전장치가 아닌 것은?

① 제동장치　② 주행장치
③ 조향장치　④ 노면장치

7 타이어의 마모에 영향을 주는 요인으로 보기 어려운 것은?

① 공기압
② 브레이크
③ 노면상태
④ 휠 크기

8 자동차가 물이 고인 노면을 고속으로 주행할 때 타이어는 타이어 홈 사이에 있는 물을 배수하는 기능이 감소되어 물의 저항에 의해 노면으로부터 떠올라 물위를 미끄러지듯이 되는 현상은?

① 워터 페이드 현상
② 수막현상
③ 마모현상
④ 모닝로크 현상

9 다음 중 방어운전으로 볼 수 없는 것은?

① 자기 자신이 사고의 원인을 만들지 않는 운전
② 자기 자신이 사고에 말려들어 가지 않게 하는 운전
③ 타인의 사고를 유발시키지 않는 운전
④ 교통사고를 유발하지 않도록 주의하여 하는 운전

10 자동차의 진동 관련 현상에 해당하지 않는 것은?

① 바운싱
② 롤링
③ 요잉
④ 다이브

11 여름철 자동차 관리상 점검사항이 아닌 것은?

① 완충장치 점검
② 와이퍼 작동상태 점검
③ 타이어 마모상태 점검
④ 차량 내부 습기 제거

12 주행제동 시 차량의 쏠림 현상이 일어날 경우 점검해야 할 사항으로 옳지 않은 것은?

① 좌우 타이어의 공기압 점검
② 좌우 브레이크 라이닝 간극 점검
③ 브레이크 에어 및 오일 파이프 점검
④ 휠 얼라이먼트 점검

13 중앙분리대의 기능에 대한 설명으로 옳지 않은 것은?

① 상하 차도의 교통 분리
② 대향차의 현광 방지
③ 필요에 따라 유턴 허용
④ 광폭 분리대의 경우 사고 및 고장 차량이 정지할 수 있는 여유공간 제공

14 방어운전에 대한 설명으로 옳지 않은 것은?

① 교통량이 너무 많은 길이나 시간을 피해 운전하도록 하며 교통이 혼잡할 때에는 조심스럽게 교통의 흐름을 따르고, 끼어들기 등을 삼간다.
② 교차로를 통과할 때는 신호를 무시하고 뛰어나오는 차나 사람이 있을 수 있으므로 반드시 안전을 확인한 뒤에 서서히 주행한다. 좌우로 도로의 안전을 확인한 후 주행한다.
③ 대형 화물차나 버스의 바로 뒤에서 주행할 때에는 전방의 교통상황을 파악할 수 없으므로, 이럴 때는 최대한 빨리 방향지시등을 켜고 앞지르기를 하여 대형차의 뒤에서 이탈해 주행한다.
④ 신호기가 설치되어 있지 않은 교차로에서는 좁은 도로로부터 우선순위를 무시하고 진입하는 자동차가 있으므로, 이런 때에는 속도를 줄이고 좌우의 안전을 확인한 다음 통행한다.

15 교차로에서 신호등의 장점으로 옳지 않은 것은?

① 교통류의 흐름을 질서 있게 한다.
② 교통처리용량을 증대시킬 수 있다.
③ 교차로에서의 직각충돌사고를 줄일 수 있다.
④ 과도한 대기로 인하여 지체가 발생할 수 있다.

16 커브길에서의 안전운전 방법으로 옳지 않은 것은?

① 커브길에서는 급핸들 조작이나 급제동은 하지 않도록 한다.
② 중앙선을 침범하거나 도로의 중앙으로 치우쳐 운전하면 안 된다.
③ 앞지르기는 대부분 안전표지로 금지하고 있으나 안전표지가 없는 장소에서는 앞지르기가 허용된다.
④ 주간에는 경음기, 야간에는 전조등을 사용하여 내 차의 존재를 알리도록 한다.

17 언덕길 교행시 우선권이 있는 차량은?

① 속도가 낮은 차량
② 올라가는 차량
③ 속도가 높은 차량
④ 내려오는 차량

18 원심력에 대한 설명으로 옳지 않은 것은?

① 원심력은 속도의 제곱에 비례하여 변한다.
② 원심력은 속도가 빠를수록 커진다.
③ 원심력은 커브가 길수록 커진다.
④ 원심력은 중량이 무거울수록 커진다.

19 어린이를 승용차에 태웠을 때 주의해야 할 사항으로 옳지 않은 것은?

① 어린이는 뒷자석 3점식 안전띠의 길이를 조정하여 앉히도록 한다.
② 어린이는 주의력 부족으로 사고가 발생할 위험이 높으므로 제일 먼저 태우고 제일 나중에 내리도록 한다.
③ 어린이를 혼자 차 안에 내버려 두어서는 안 된다.
④ 어린이는 앞좌석이나 뒷자석 관계없이 안전띠를 하고 앉히도록 한다.

20 엔진 출력이 감소되며 매연이 과다 발생할 경우 점검사항은?

① 냉각수 및 엔진오일의 양 확인 및 누출여부 확인
② 에어 클리너 오염도 확인
③ 연료탱크 내 이물질 혼입 여부 확인
④ 호이스트 오일 누출 상태 점검

21 좌 · 우회전을 할 때 방어운전 방법으로 옳지 않은 것은?

① 회전이 허용된 차로에서만 회전한다.
② 대향차가 교차로를 통과하기 전에 먼저 좌회전한다.
③ 우회전 할 때 보도나 노견으로 타이어가 넘어가지 않도록 주의한다.
④ 급핸들 조작으로 회전하지 않는다.

22 교차로 황색신호시간에 일어날 수 있는 교통사고의 유형을 보기 어려운 것은?

① 전 신호 차량과 후 신호 차량의 충돌사고
② 횡단보도 전 앞차 통과 시 보행자 추돌사고
③ 횡단보도 통과 시 보행자, 자전거 또는 이륜차 충돌사고
④ 유턴 차량과의 충돌사고

23 화물자동차에 충전용기 등을 차량에 적재할 경우 지켜야 할 기준에 대한 설명으로 옳지 않은 것은?

① 차량의 최대 적재량을 초과하여 적재하여서는 아니 된다.
② 차량의 적재함을 초과하여 적재하여서는 아니 된다.
③ 운반 중의 충전용기는 항상 40℃ 이하를 유지하여야 한다.
④ 화물자동차 또는 오토바이에 적재하여 운반하여야 한다.

24 고속도로 안전운전 방법에 대한 내용으로 옳지 않은 것은?

① 고속도로 운전시 전방주시는 큰 사고를 예방할 수 있다.
② 고속도로 진입시 안전하게 천천히 진입하도록 한다.
③ 고속도로를 통행할 때에는 전 좌석 안전벨트를 착용하여야 한다.
④ 고속도로 통행시 화물차는 후부반사판을 부착하여야 한다.

25 교통사고 및 고장 발생 시 2차사고 예방 안전 행동요령으로 옳지 않은 것은?

① 신속히 비상등을 켜고 다른 차의 소통에 방해가 되지 않도록 갓길로 차량을 이동시킨다.
② 후방에서 접근하는 차량의 운전자가 쉽게 확인할 수 있도록 고장자동차의 표지를 한다.
③ 운전자와 탑승자는 차량 내 또는 주변에서 대기하도록 한다.
④ 경찰관서, 소방관서 또는 한국도로공사 콜센터로 연락하여 도움을 요청한다.

제4과목 운송서비스

1 고객서비스의 특성에 해당하지 않는 것은?

① 무형성
② 동시성
③ 소멸성
④ 소유성

2 고객이 서비스 품질을 평가하는 기준으로 옳지 않은 것은?

① 신뢰성
② 편의성
③ 안전성
④ 이질성

3 운전시 삼가야 할 운전행동으로 옳지 않은 것은?

① 욕설이나 지나친 경쟁심의 행위
② 음악소리에 따라 노래를 부르는 행위
③ 경찰관의 단속 행위에 불응하고 항의하는 행위
④ 급차로 변경이나 갓길을 주행하는 행위

4 다음 중 직업의 3가지 태도가 아닌 것은?

① 애정
② 인내
③ 긍지
④ 열정

5 다음 중 배달시 행동방법으로 옳지 않은 것은?

① 배달은 서비스의 완성이라는 자세로 한다.
② 긴급배송을 요하는 화물은 우선 처리한다.
③ 무거운 물건일 경우 깨지지 않게 직접 들고 배달한다.
④ 고객이 부재 시에는 "부재중 방문표"를 반드시 이용한다.

6 다음 물류관리의 역할 중 국민경제적인 관점에서의 내용으로 가장 옳지 않은 것은?

① 지역경제의 균형 발전으로 인한 인구의 지역적인 편중을 억제
② 물류의 합리화는 상품흐름의 합리화를 초래하여 상거래의 대형화 유발
③ 물류개선을 위해 사회간접자본의 증강과 각종 설비투자를 필요로 하게 되며, 이를 통해 개발을 위한 투자기회 부여
④ 제품의 품질을 유지하여 정시배송을 통해 소비자에게 양적으로 향상된 서비스를 제공

7 다음 중 물류관리의 7R 원칙에 해당하지 않는 것은?

① Right Speed(적절한 시간)
② Right Quality(적절한 품질)
③ Right Place(적절한 장소)
④ Right Price(적절한 가격)

8 다음 중 물류에 관한 설명으로 옳지 않은 것은?

① 물류는 유통부분 중에서 수송, 보관, 하역, 포장 등의 업무를 전문적으로 취급하는 것이다.
② 물류는 상류에 상대되는 개념이다.
③ 물류는 물자유통뿐만 아니라 서류 및 금전의 이동, 정보유통까지도 포함한다.
④ 물류와 상류의 기능이 구분되는 배경은 경제구조의 대형화·광역화와 밀접한 관련이 있다.

9 국민경제적 관점에서의 물류의 역할을 설명한 것 중 옳은 것은?

① 고객의 욕구만족이 판매에 중요한 영향을 미칠 것으로 예상한다.
② 최소의 비용으로 소비자에게 만족을 줄 수 있도록 서비스의 질적 향상을 통해 매출의 신장을 기대할 수 있다.
③ 운송통신활동과 상업 활동을 주체로 이를 지원하는 모든 활동을 포함한다.
④ 유통효율의 향상을 통한 물류비의 절감으로 기업의 체질개선 및 물가상승을 억제한다.

10 다음 중 공동 수배송의 장점이 아닌 것은?

① 물류시설 및 인원의 축소
② 상품특성을 살린 판매전략 제약
③ 영업용 트럭의 이용증대
④ 여러 운송업체와의 복잡한 거래교섭의 감소

11 다음 중 물류관리의 목표에 대한 설명으로 가장 적절한 것은?

① 재고량을 줄여 재고비용을 감소시키면 고객서비스 수준은 향상된다.
② 고객서비스 수준보다는 물류비용을 항상 우선적으로 고려해야 한다.
③ 일반적으로 물류비의 감소와 고객서비스 수준의 향상 간에는 상충관계(Trade-off)가 있다.
④ 운송비, 주문처리비 등의 눈에 보이는 비용을 절감해야 고객서비스 수준이 향상된다.

12 다음 중 물류정보시스템에 관한 설명으로 적절하지 않은 것은?

① GIS(Geographic Information System)는 이동체의 위치 및 상태를 무선통신을 이용하여 실시간으로 파악, 관리하는 시스템이다.
② TRS(Trunked Radio System)는 정보물류망 중 중계국에 할당된 여러 개의 채널을 공동으로 사용하는 무전기시스템이다.
③ EDI(Electronic Data Interchange)는 거래업체 간에 상호 합의된 서식을 일정한 형태를 가진 전자메시지로 변환, 처리하는 전자문서교환시스템이다.
④ DPS(Digital Picking System)는 점포로부터 발주 자료를 센터의 상품 Rack에 부착한 표기에 피킹수량을 디지털로 표시한다.

13 다음은 무엇에 대한 효과인가?

- 적시 배달 증대
- 시간, 인력, 비용의 절약
- 대규모 자본 지출의 감소
- 상품 추적 시스템의 개선
- 핵심 사업에 집중

① 제3자 물류(TPL)
② 판매시점관리(POS)
③ 리엔지니어링(BPR)
④ 공급체인관리(SCM)

14 다음 그림과 같이 고객기업이 물류비절감, 고객서비스 향상, 시장경쟁력 향상 등을 위하여 3PL업자에게 업무를 위탁하는 것을 무엇이라 하는가?

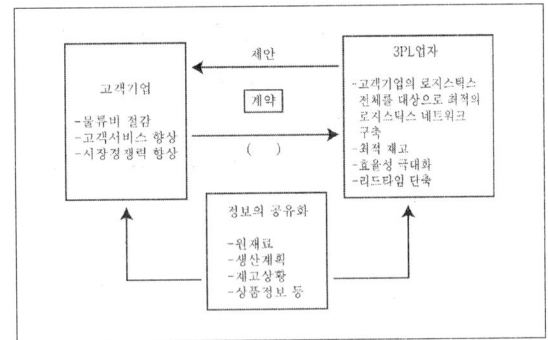

① Outsourcing
② SCM
③ Cross-docking
④ JIT

15 사업용 트럭운송의 장점에 해당하지 않는 것은?

① 물동량의 변동에 대응한 안정수송이 가능하다.
② 인적투자가 필요 없다.
③ 수송비가 저렴하다.
④ 인터페이스가 약하다.

제2회 실전모의고사

제1과목 교통 및 화물자동차 운수사업 관련 법규

1 차로와 차로를 구분하기 위하여 그 경계지점을 안전표지로 표시한 선을 무엇이라 하는가?

① 차선
② 차로
③ 차도
④ 보도

2 보행자 신호등에 대한 설명으로 옳지 않은 것은?

① 녹색 신호등의 등화시 보행자는 횡단보도를 횡단할 수 있다.
② 녹색 신호등의 점멸시 보행자는 횡단을 시작하여서는 아니 된다.
③ 녹색 신호등의 점멸시 보행자는 신속하게 횡단을 시작하여야 한다.
④ 적색 신호등의 등화시 보행자는 횡단보도를 횡단하여서는 아니 된다.

3 노면표시에 대한 설명으로 옳지 않은 것은?

① 도로교통의 안전을 위하여 각종 주의·규제·지시 등의 내용을 노면에 기호·문자 또는 선으로 도로사용자에게 알리는 표시를 말한다.
② 노면표시에 사용되는 각종 선에서 점선은 제한, 실선은 허용, 복선은 의미의 강조를 나타낸다.
③ 노면표시 중 백색은 동일방향의 교통류 분리 및 경계를 표시한다.
④ 노면표시 중 황색은 반대방향의 교통류 분리 및 도로이용의 제한 및 지시를 표시한다.

4 다음의 표지판이 나타내는 표시로 옳은 것은?

① 자동차통행금지
② 화물자동차통행금지
③ 위험물적재차량통행금지
④ 승합자동차통행금지

5 화물자동차의 적재용량 중 높이기준으로 옳은 것은?

① 지상으로부터 3미터
② 지상으로부터 4미터
③ 지상으로부터 4.2미터
④ 지상으로부터 2미터

6 편도 2차로 이상의 고속도로의 최고속도는 얼마인가?

① 매시 80km
② 매시 90km
③ 매시 100km
④ 매시 120km

7 다음 중 서행하여야 하는 장소가 아닌 곳은?

① 도로가 구부러진 부근
② 비탈길의 고갯마루 부근
③ 가파른 비탈길의 내리막
④ 적색 등화인 교차로

8 다음 중 제2종 보통면허로 운전할 수 없는 차량은?

① 승용자동차
② 승차정원 15인 이하의 승합자동차
③ 적재중량 4톤 이하의 화물자동차
④ 원동기장치자전거

9 다음 중 운전면허의 취소사유에 해당하지 않는 것은?

① 술에 취한 상태에서 운전하였다고 인정할 만한 상당한 이유가 있음에도 불구하고 경찰공무원의 측정 요구에 불응한 경우
② 자동차관리법에 따라 등록되지 아니하거나 임시운행허가를 받지 아니한 자동차를 운전한 경우
③ 제1종 보통면허 및 제2종 보통면허를 받기 전에 연습면허의 취소사유가 있었던 경우
④ 승객의 차내 소란행위를 방치하고 운전한 경우

10 다음 중 범칙행위의 범칙금액이 3만 원이 아닌 것은?

① 좌석안전띠 미착용
② 불법부착장치차 운전
③ 서행의무위반
④ 지정속도에서 10km 속도위반

11 교통사고처리특례법상 중과실사고에 해당하지 않는 것은?

① 건널목통과방법위반사고
② 인도돌진사고
③ 제한속도 시속 15km 초과의 속도위반 사고
④ 무면허운전 중 사고

12 교통사고처리특례법상 특례대상이 되지 못하는 교통사고는?

① 무단횡단인을 충격하고 피해자와 합의를 하여 처벌을 원하지 않는 사고
② 교통경찰관의 수신호에 따라 운행하다 횡단보도 보행인을 충격해 식물인간이 된 사고
③ 중앙선이 없는 도로에서 중앙 부분을 넘어서 대향차량 운전자를 피상케 한 사고
④ 정류장에서 승객이 탑승한 것을 확인하고 출발했으나 그 승객이 문밖으로 떨어진 사고

13 다음 중 화물자동차 운송사업의 이용자에게 내려지는 과징금의 용도가 아닌 것은?

① 화물 터미널의 건설 및 확충
② 공동차고지의 건설과 확충
③ 탈세포상금의 지급
④ 화물에 대한 정보 제공사업 등 화물자동차 운수사업의 발전을 위하여 필요한 사항

14 다음 중 화물자동차 운송사업의 허가취소 혹은 사업정지가 되는 경우가 아닌 것은?

① 부정한 방법으로 화물자동차 운송사업허가를 받은 경우
② 화물자동차 운송사업의 허가 또는 증차를 수반하는 변경허가에 따른 기준을 충족하지 못하게 된 경우
③ 화물운송 종사자격이 없는 자에게 화물을 운송하게 한 경우
④ 정당한 사유로 개선명령을 이행하지 아니한 경우

15 특별시장·광역시장·특별자치시장·특별자치도지사·시장 또는 군수가 운송사업자에게 지급하는 보조금을 5년의 범위에서 정지하여야 하는 사유로 볼 수 없는 것은?

① 화물자동차 운수사업이 아닌 다른 목적에 사용한 유류분에 대하여 보조금을 지급받은 경우
② 다른 운송사업자 등이 구입한 유류 사용량을 자기가 사용한 것으로 위장하여 보조금을 지급받은 경우
③ 운송사업자가 운송 또는 주선 실적에 따른 신고를 하지 아니하였거나 거짓으로 신고하여 보조금을 지급받은 경우
④ 주유업자로부터 유류의 구매를 가장하거나 실제 구매금액을 초과하여 신용카드, 직불카드, 선불카드에 의한 거래를 하거나 이를 대행하게 하여 보조금을 지급받은 경우

16 화물자동차 운수사업법령상 운송사업자의 준수사항에 관한 설명으로 옳지 않은 것은?

① 운송사업자는 화물운송의 대가로 받은 운임 및 요금의 전부 또는 일부에 해당하는 금액을 부당하게 화주, 다른 운송사업자 또는 화물자동차 운송주선사업을 경영하는 자에게 되돌려주는 행위를 하여서는 아니 된다.
② 운송사업자는 자기 명의로 운송 계약을 체결한 화물에 대하여 다른 운송사업자에게 수수료나 그 밖의 대가를 받고 그 운송을 위탁하거나 대행하게 하는 등 화물운송 질서를 문란하게 하는 행위를 하여서는 아니 된다.
③ 운송사업자는 운임 및 요금과 운송약관을 영업소 또는 화물자동차에 갖추어 두고 이용자가 요구하면 이를 내보여야 한다.
④ 운송사업자는 택시 요금미터기의 장착 등 국토교통부령으로 정하는 택시 유사표시 행위를 해야 한다.

17 화물운송종사자격시험에 대한 설명으로 옳지 않은 것은?

① 교통안전체험교육은 총 16시간으로 하며 이론교육, 실기교육으로 구분하여 실시한다.
② 자격시험에 합격한 사람은 6시간 동안 교통안전공단에서 실시하는 교육을 받아야 한다.
③ 자격시험과 교통안전체험교육은 총점의 6할 이상을 얻은 사람을 합격자와 이수자로 한다.
④ 자격시험에 합격한 사람이 교통안전체험 연구·교육시설의 교육과정 중 기본교육과정을 이수한 경우에는 교육을 받은 것으로 본다.

18 다음 중 화물운송 종사자격 취득 결격사유로 옳은 것은?

① 국토교통부장관이 시행하는 시험일 전 또는 교육일 전 5년간 음주운전으로 인해 운전면허가 취소된 사람
② 화물자동차 운수사업법을 위반하여 징역 이상의 실형을 선고받고 그 집행이 끝나거나 집행이 면제된 날부터 1년이 지나지 아니한 자
③ 화물운송 종사자격이 취소(화물운송 종사자격을 취득한 자가 피성년후견인 또는 피한정후견인에 해당하여 허가가 취소된 경우는 제외한다)된 날부터 5년이 지나지 아니한 자
④ 국토교통부장관이 시행하는 시험일 전 또는 교육일 전 5년간 공동 위험행위를 한 경우 및 난폭운전을 한 경우에 해당하여 운전면허가 취소된 사람

19 화물자동차 운수사업법령상 휴게시간 없이 2시간 연속운전한 운수종사자에게 보장하여야 할 휴게시간은 얼마인가? (단, 예외적인 경우 제외)

① 15분
② 20분
③ 25분
④ 30분

20 화물자동차 운수사업법령상 화물자동차 운수종사자가 하여서는 아니되는 행위를 모두 고른 것은?

㉠ 정당한 사유 없이 화물을 중도에서 내리게 하는 행위
㉡ 정당한 사유 없이 화물의 운송을 거부하는 행위
㉢ 부당한 운임 또는 요금을 요구하거나 받는 행위
㉣ 고장 및 사고차량 등 화물의 운송과 관련하여 자동차관리사업자와 부정한 금품을 주고받는 행위
㉤ 일정한 장소에 오랜 시간 정차하여 화주를 호객하는 행위
㉥ 문을 완전히 닫지 아니한 상태에서 자동차를 출발시키거나 운행하는 행위
㉦ 운임 및 요금과 운송약관을 영업소 또는 화물자동차에 갖추어 두고 이용자가 요구하면 이를 내보여야 하는 행위

① ㉡, ㉢, ㉣, ㉤, ㉥
② ㉠, ㉡, ㉢, ㉣, ㉤, ㉥
③ ㉠, ㉡, ㉣, ㉤, ㉥, ㉦
④ ㉡, ㉢, ㉣, ㉤, ㉥, ㉦

21 다음 중 시·도지사가 직권으로 말소등록을 할 수 있는 경우가 아닌 것은?

① 자동차를 폐차한 경우
② 말소등록을 신청하여야 할 자가 신청한 경우
③ 자동차의 차대가 등록원부상의 차대와 다른 경우
④ 속임수나 그 밖의 부정한 방법으로 등록된 경우

22 자동차관리법령에 대한 설명으로 옳지 않은 것은?

① 자동차소유자 또는 자동차소유자에 갈음하여 자동차등록을 신청하는 자가 직접 자동차등록번호판을 붙여야 하는 경우 이를 이행하지 아니한 경우에는 50만 원의 과태료에 처한다.
② 자동차등록번호판을 가리거나 알아보기 곤란하게 하거나 그러한 자동차를 운행한 경우에는 30만 원의 과태료에 처한다.
③ 자동차의 변경등록 신청을 하지 않은 경우 신청기간 만료일부터 90일 이내이면 2만 원의 과태료가 부과된다.
④ 자동차 말소등록을 신청하여야 하는 자동차 소유주가 말소등록 신청을 하지 않은 경우 신청 지연기간이 10일 이내이면 5만 원의 과태료가 부과된다.

23 비사업용 승용자동차를 소유하고 있는 자가 최초 5년에 자동차 정기검사를 받았다면 몇 년 후에 정기검사를 받아야 하는가?

① 6월
② 1년
③ 2년
④ 4년

24 도로관리청은 도로 구조를 보전하고 도로에서의 차량 운행으로 인한 위험을 방지하기 위하여 필요하면 도로에서의 차량 운행을 제한할 수 있다. 다음 중 운행을 제한할 수 있는 차량이 아닌 것은?

① 축하중이 10톤을 초과하는 차량
② 총중량이 20톤을 초과하는 차량
③ 차량의 폭이 2.5미터, 높이가 4.0미터를 초과하는 차량
④ 도로 구조의 보전과 통행의 안전에 지장이 있다고 인정하는 차량

25 대기환경보전법령상 공회전 제한장치 부착명령 대상 자동차에 해당하지 않는 것은?

① 좌석형 버스
② 모범택시
③ 고속버스
④ 1톤 택배용 밴형 화물차

제2과목 화물취급요령

1 운송장의 역할과 중요성에 관한 설명으로 옳지 않은 것은?

① 배송 완료 후 배송여부 등에 대한 책임소재를 확인하는 증거서류 역할을 하게 된다.
② 선불로 요금을 지불한 경우에는 운송장을 영수증으로 사용할 수 있다.
③ 택배회사가 화물을 송하인으로부터 이상 없이 인수하였음을 증명하는 서류이다.
④ 착불화물의 경우에는 운송장을 증빙으로 제시하여 수하인에게 요금을 청구하는 것은 불가능하다.

2 동일 수하인에게 다수의 화물이 배달될 때 운송장비용을 절약하기 위하여 사용하는 운송장은?

① 기본형 운송장
② 보조 운송장
③ 스티커형 운송장
④ 배달표형 운송장

3 일반적인 목적으로 사용하는 화물의 취급 표지의 전체 높이가 아닌 것은?

① 100mm
② 150mm
③ 200mm
④ 250mm

4 포장(Packaging)에 관한 설명으로 옳지 않은 것은?

① 물품의 유통과정에 있어서 그 물품의 가치 및 상태를 보호하기 위해 적합한 재료 또는 용기 등으로 물품을 포장하는 방법이나 상태를 말한다.
② 물품정보의 전달 및 물품의 판매를 촉진함과 동시에 재료와 형태면에서 포장의 사회적 공익성과 함께 환경에 적합해야 한다.
③ 화물의 이동성, 보호성을 높이는 등 물류프로세스 상에서 중요한 역할을 수행하고 있다.
④ 국가물류비에서 차지하는 비율이 매우 높고, 생산과 마케팅을 연결하는 기능을 지니고 있다.

5 다음 중 운송장 부착요령으로 옳지 않은 것은?

① 운송장은 물품의 정중앙 하단에 뚜렷하게 보이도록 부착한다.
② 박스 모서리나 후면 또는 측면에 부착하여 혼동을 주어서는 안 된다.
③ 운송장이 떨어지지 않도록 손으로 잘 눌러서 부착한다.
④ 취급주의 스티커의 경우 운송장 바로 우측 옆에 붙여서 눈에 띄게 한다.

6 다음의 화물취급표지가 나타내는 것은 무엇인가?

① 무게 중심 위치
② 굴림 방지
③ 취급주의
④ 거는 위치

7 다음 중 창고 내 작업 및 입·출고 작업요령으로 옳지 않은 것은?

① 창고 내에서 작업할 때에는 어떠한 경우라도 흡연을 금한다.
② 바닥의 기름이나 물기는 입고를 마친 후에 제거한다.
③ 화물을 쌓거나 내릴 때에는 순서에 맞게 신중히 하여야 한다.
④ 컨베이어(conveyor) 위로는 절대 올라가서는 안 된다.

8 화물더미에서 작업을 할 경우 주의해야 할 사항으로 보기 어려운 것은?

① 화물더미에 오르내릴 때에는 화물의 쏠림이 발생하지 않도록 조심하도록 한다.
② 화물더미의 화물을 출하할 때에는 화물더미 위에서부터 순차적으로 층계를 지으면서 헐어내야 한다.
③ 화물더미의 상층과 하층에서 동시에 작업을 하도록 한다.
④ 화물더미의 중간에서 화물을 뽑아내거나 직선으로 깊이 파내는 작업을 하지 않는다.

9 화물자동차 내 화물의 적재방법으로 옳지 않은 것은?

① 차량전복을 방지하기 위하여 적재물 전체의 무게중심 위치는 적재함 전후좌우의 중심위치로 하는 것이 바람직하다.
② 가벼운 화물은 최대한 높게 적재하도록 한다.
③ 차량에 물건을 적재할 때에는 적재중량을 초과하지 않도록 한다.
④ 물건을 적재한 후에는 이동거리가 멀건 가깝건 간에 짐이 넘어지지 않도록 로프나 체인 등으로 단단히 묶어야 한다.

10 물품을 들어올릴 때의 자세로 옳지 않은 것은?

① 발은 어깨 넓이만큼 벌리고 물품으로 향한다.
② 물품을 수직으로 들어 올릴 수 있는 위치에 몸을 준비한다.
③ 물품을 들 때는 허리를 굽혀야 한다.
④ 허리의 힘으로 드는 것이 아니고 무릎을 굽혀 펴는 힘으로 물품을 든다.

11 파렛트의 가장자리를 높게 하여 포장화물을 안쪽으로 기울여, 화물이 갈라지는 것을 방지하는 방법은?

① 밴드걸기 방식
② 슬립멈추기 시트삽입 방식
③ 풀붙이기 접착방식
④ 주연어프 방식

12 다음 중 견하역의 높이로 알맞은 것은?

① 10cm 정도
② 40cm 정도
③ 80cm 정도
④ 100cm 이상

13 다음 중 화물의 붕괴 방지방법으로 옳지 않은 것은?

① 시트를 거는 방법
② 파렛트 화물 사이에 소형 화물을 메우는 방법
③ 차량에 특수장치를 설치하는 방법
④ 로프를 거는 방법

14 다음 중 고속도로를 운행하려는 차량 중 운행제한차량의 기준에 대한 연결이 잘못된 것은?

① 축하중 – 차량의 축하중이 10톤을 초과한 차량
② 총중량 – 차량의 총중량이 40톤을 초과한 차량
③ 길이 – 적재물을 포함한 차량의 길이가 16.7m를 초과한 차량
④ 높이 – 적재물을 포함한 차량의 높이가 2.5m를 초과한 차량

15 다음 중 화물사고의 유형 중 화물을 적재할 때 무분별한 적재로 압착되거나 화물을 함부로 던지거나 발로 차고 끄는 경우 발생하는 사고는?

① 오손사고
② 분실사고
③ 파손사고
④ 내용물 부족사고

제3과목 안전운행

1 운전과 관련되는 시각의 특성으로 옳지 않은 것은?

① 속도가 빨라질수록 시력은 떨어진다.
② 속도가 빨라질수록 시야의 범위가 좁아진다.
③ 속도가 빨라질수록 전방주시점은 가까워진다.
④ 운전자는 운전에 필요한 정보의 대부분을 시각을 통하여 획득한다.

2 동체시력에 대한 설명으로 옳지 않은 것은?

① 움직이는 물체 또는 움직이면서 다른 자동차나 사람 등의 물체를 보는 시력을 동체시력이라 한다.
② 물체의 이동속도가 빠를수록 동체시력은 상대적으로 저하된다.
③ 운전자의 연령이 낮을수록 동체시력은 저하된다.
④ 장시간 운전 등 피로에 의해서도 동체시력은 저하된다.

3 다음 중 교통사고의 요인 중 간접적 요인에 해당하는 것은?

① 음주상태
② 운적조작의 잘못
③ 운전자의 성격
④ 무리한 운행계획

4 다음 중 운전피로의 3요인이 아닌 것은?

① 생활요인
② 사회요인
③ 운전작업 중의 요인
④ 운전자 요인

5 제동장치의 종류에 해당하지 않는 것은?

① 풋 브레이크
② 주차 브레이크
③ 엔진 브레이크
④ 마찰 브레이크

6 유압식 브레이크 휠 실린더나 브레이크 파이프 속에서 브레이크액이 기화하여 페달을 밟아도 스펀지를 밟는 것같이 유압이 전달되지 않아 브레이크가 작동하지 않는 현상은?

① 모닝록 현상
② 베이퍼록 현상
③ 스탠딩 웨이브 현상
④ 워터 페이드 현상

7 수막현상을 방지하는 방법으로 옳지 않은 것은?

① 고속으로 주행하지 않는다.
② 타이어의 공기압을 낮춘다.
③ 마모된 타이어를 사용하지 않는다.
④ 배수효과가 좋은 타이어를 사용한다.

8 운전자가 브레이크에 발을 올려 브레이크가 막 작동을 시작하는 순간부터 자동차가 완전히 정지할 때까지의 시간을 무엇이라 하는가?

① 정지소요시간
② 공주시간
③ 제동시간
④ 정지시간

9 교통사고에 대한 설명으로 옳지 않은 것은?

① 일반도로에서는 곡선반경이 100m 이내일 때 사고율이 높다.
② 일반적으로 종단경사가 커짐에 따라 사고율이 높다.
③ 곡선부의 수가 많으면 사고율이 높다.
④ 곡선부가 오르막과 내리막의 종단 경사와 중복되는 곳이 사고 위험성이 훨씬 높다.

10 일반적인 도로의 차로 폭은 얼마인가?

① 2.5m ~ 2.7m
② 2.7m ~ 2.9m
③ 3.0m ~ 3.5m
④ 4.0m ~ 4.5m

11 고속으로 달리고 있을 때 핸들 자체에 진동이 일어나거나 심하게 흔들린다면 이는 어느 부분이 이상한 것인가?

① 클러치
② 브레이크
③ 앞바퀴
④ 팬벨트

12 갓길의 역할로 보기 어려운 것은?

① 고장차가 본선차도로부터 대피할 수 없고, 사고 시 교통의 혼잡을 방지한다.
② 측방 여유폭을 가지므로 교통의 안전성과 쾌적성에 기여한다.
③ 유지관리 작업장이나 지하매설물에 대한 장소로 제공된다.
④ 보도 등이 없는 도로에서는 보행자 등의 통행장소로 제공된다.

13 운전자의 시선을 유도하고 옆부분의 여유를 확보하기 위하여 중앙분리대 또는 길어깨에 차도와 동일한 횡단경사와 구조로 차도에 접속하여 설치하는 부분을 의미하는 용어는?

① 차로수
② 측대
③ 분리대
④ 길어깨

14 도로 주행 시 속도조절 방법에 대한 설명으로 옳지 않은 것은?

① 노면의 상태가 나쁜 도로에서는 속도를 줄여서 주행하도록 한다.
② 해질 무렵, 터널 등 조명조건이 나쁠 때에는 라이트를 켜고 속도를 올려 주행하도록 한다.
③ 곡선반경이 작은 도로나 신호의 설치간격이 좁은 도로에서는 속도를 낮추어 안전하게 통과한다.
④ 주택가나 이면도로 등에서는 과속이나 난폭운전을 하지 않도록 한다.

15 교차로 안전운전 방법으로 보기 어려운 것은?

① 추측운전은 하지 않는다.
② 신호가 바뀌는 순간을 주의한다.
③ 언제든 정지할 수 있는 준비태세를 갖추어야 한다.
④ 맹목적으로 앞차를 따라가도록 한다.

16 내리막길 주행 시 사용해야 하는 브레이크는?

① 풋 브레이크
② 주차 브레이크
③ 엔진 브레이크
④ 디스크 브레이크

17 안전한 야간운전 방법으로 옳지 않은 것은?

① 해가 저물면 바로 전조등을 점등하여야 한다.
② 주간보다 속도를 늦추어 주행하여야 한다.
③ 실내를 불필요하게 밝게 하지 않도록 한다.
④ 대향차의 전조등이 비치는 곳 끝까지 살펴야 한다.

18 스탠딩 웨이브 현상을 예방하기 위한 방법으로 적절한 것은?

① 브레이크를 천천히 밟는 연습을 한다.
② 차량의 무게중심을 조절하도록 한다.
③ 속도를 높이도록 한다.
④ 타이어의 공기압을 높이도록 한다.

19 어린이들이 당하기 쉬운 교통사고 유형으로 옳지 않은 것은?

① 도로에 갑자기 뛰어들기
② 자전거 사고
③ 차외 전도사고
④ 도로 횡단 중의 부주의

20 정차 중 엔진의 시동이 꺼질 경우 조치해야 할 사항은?

① 플라이밍 펌프 내부의 필터 청소
② 연료 탱크내 수분 제거
③ 휠 스피드 센서 저항 측정
④ 연료공급 계통의 공기빼기 작업

21 도로에서 앞지르기를 하는 방법으로 옳지 않은 것은?

① 앞지르기가 허용된 지역에서만 앞지르기를 한다.
② 마주 오는 차의 속도와 거리를 정확히 판단한 후 앞지르기 한다.
③ 앞지르기 후 뒤차의 안전을 고려하여 진입한다.
④ 앞지르기 전에 뒤차에게 신호로 알린다.

22 철길 건널목 통행방법으로 옳지 않은 것은?

① 일시 정지 후 좌·우의 안전을 확인한다.
② 건널목 통과 시 기어는 변속하지 않는다.
③ 앞 차량과의 차간 거리를 최대한 좁혀 통과한다.
④ 건널목 내 차량고장 시 동승자를 즉시 대피시킨다.

23 겨울철 자동차관리 방법으로 옳지 않은 것은?

① 스노타이어로 교환하거나 체인 등의 월동장비를 점검하여야 한다.
② 냉각수의 동결을 방지하기 위해 부동액의 양과 점도를 점검하여야 한다.
③ 엔진의 온도를 일정하게 유지시켜 주는 써머스타를 점검하도록 한다.
④ 팬벨트의 장력은 적절한지를 수시로 확인하여야 한다.

24 고속도로 긴급견인 서비스 연락처로 옳은 것은?

① 1588-3082
② 1588-2580
③ 1588-2504
④ 1588-8282

25 다음 중 운행 제한 차량 단속에 대한 설명으로 옳지 않은 것은?

① 도로의 포장균열 및 파괴, 교통소통의 지장 등의 이유로 과적차량을 제한한다.
② 덮개를 씌우지 않아 결속상태가 불량한 화물자동차는 적재불량차량으로 단속대상이 된다.
③ 총중량 11톤의 화물자동차는 승용차 11만대 통행과 동일한 도로파손을 야기한다.
④ 축하중 10톤의 화물자동차는 승용차 10만대 통행과 동일한 도로파손을 야기한다.

제4과목 운송서비스

1 고객만족을 위한 서비스 품질로 보기 어려운 것은?

① 상품 품질
② 영업 품질
③ 가격 품질
④ 서비스 품질

2 고객만족 행동예절 중 올바른 인사방법으로 옳지 않은 것은?

① 항상 밝고 명랑한 표정의 미소를 짓도록 한다.
② 머리와 상체를 숙이고 인사를 하도록 한다.
③ 데스크에 있을 경우에는 앉아서 하도록 한다.
④ 턱을 지나치게 내밀지 않도록 한다.

3 고객응대예절 중 화물 배달시 행동요령으로 옳지 않은 것은?

① 긴급배송을 요하는 화물은 우선 처리하고, 화물은 우선순위를 정하여 배송한다.
② 수하인의 주소가 불명확할 경우 사전에 정확한 위치를 확인 후 출발한다.
③ 고객 부재 시에는 부재중 방문표를 반드시 이용한다.
④ 인수증 서명시 반드시 정자로 실명 기재 후 받는다.

4 다음 중 개념적 관점에서의 물류의 역할이 아닌 것은?

① 국가경제적 관점
② 국민경제적 관점
③ 사회경제적 관점
④ 개별기업적 관점

5 다음 중 고객의 욕구로 옳지 않은 것은?

① 기억되기를 바란다.
② 편안해 지고 싶어 한다.
③ 칭찬받고 싶어 한다.
④ 평범한 사람으로 인식되기를 바란다.

6 다음 중 택배화물의 배달방법으로 옳지 않은 것은?

① 배달표에 나타난 주소대로 배달할 것을 표시한다.
② 전화는 해도 불만을 초래할 수 있기 때문에 전화를 하지 않는다.
③ 우선적으로 배달해야 할 고객의 위치 표시한다.
④ 방문예정시간에 수하인 부재중일 경우 반드시 대리 인수자를 지명 받아 그 사람에게 인계해야 한다.

7 다음 중 물류에 대한 설명으로 옳지 않은 것은?

① 물리적, 사회적인 물(物)의 흐름에 관한 경제활동으로 물자유통과 정보유통이 포함된다.
② 제품의 흐름을 용이하게 하는 이동 및 보관 활동의 전부와 이에 수반되는 정보를 계획, 조직, 통제하는 활동을 말한다.
③ 상거래에 의해서 구매자로부터 판매자에게 상품의 소유권이 이전되는 활동을 말한다.
④ 물류관리의 목표로 물류비절감, 서비스향상 등 어느 쪽에 더 중점을 두느냐를 정하여야 한다.

8 물류의 기능과 목적을 설명하고 있는 것으로 적절치 못한 것은?

① 물류의 기능은 장소적 조정, 시간적 조정, 수량적 조정, 품질적 조정, 가격적 조정 등의 기능을 갖고 있다.
② 물류의 원칙 중 3S1L은 '신속하게(Speedy), 저렴하게(Low), 안전(Safely)하게, 확실하게(Surely)'를 의미한다.
③ 7R 원칙은 고객이 요구하는 상품을, 고객이 요구하는 상품의 품질로 유지하며, 고객이 요구하는 정량을, 고객이 요구하는 시기에, 고객이 요구하는 장소에, 고객에게 좋은 인상의 상품 상태로, 가격결정기구에 의해 적정한 가격으로 고객에게 전달하는 것을 말한다.
④ 물류의 목적은 기업의 이윤극대화 뿐이다.

9 물류관리에 대한 설명으로 옳지 않은 것은?

① 물류관리는 생산과 소비자 사이에 형성되어 윤활유 역할을 하며, 경우에 따라서는 생산활동을 포함한다.
② 제품의 비용절감과 재화의 시간적 및 장소적인 효용가치를 통한 시장경쟁력의 강화를 의미한다.
③ 원재료의 조달과 제품의 생산에서 소비에 이르기까지 수반되는 물적 유통의 제반업무를 말한다.
④ 경제활동이 원활하게 발전하려면 경제활동의 모든 요소가 시간과 공간을 초월해서 균형 있게 발전되는 것이 무엇보다도 중요하다.

10 다음 중 물류고객서비스의 요소는 거래 전 요소, 거래 시 요소, 거래 후 요소 등으로 분류할 수 있다. 다음 중 거래 시 요소가 아닌 것은?

① 재고 품절 수준
② 주문 상황정보
③ 시스템의 정확성
④ 설치, 보증, 교환, 수리

11 물류의 기본기능과 함께 전자상거래가 발전되면서 공급 체인율을 효율적으로 지원하며, 해결책을 제시하고 변화·관리능력 및 전략적 컨설팅을 포함하는 물류영역을 무엇이라 하는가?

① 제4자 물류(4PL)
② 운송주선업
③ 제2자 물류(2PL)
④ NVOCC

12 다음 중 신속대응(QR)에 관한 설명으로 옳지 않은 것은?

① JIT(Just in time)전략보다 더 신속하고 민첩한 체계이다.
② 생산·유통기간의 단축, 재고의 감소, 반품손실 감소 등 생산·유통의 각 단계에서 효율화를 실현한다.
③ 신속대응(QR)을 활용함으로써 소매업자는 정확한 수요예측, 주문량에 따른 생산의 유연성 확보, 높은 자산회전율 등의 혜택을 볼 수 있다.
④ 생산·유통관련업자가 전략적으로 제휴하여 소비자의 선호 등을 즉시 파악하여 시장변화에 신속하게 대응한다.

13 다음 중 제4자 물류(4PL)의 정의 및 설명으로 바르지 못한 것은?

① 제3자 물류업체와 물류 컨설팅업체, IT업체의 결합된 형태이다.
② 제4자 물류 이용 시 수입의 증대, 운용비용의 감소, 운전자본의 감소, 고정자본의 감소 등의 효과를 볼 수 있다.
③ 제4자 물류 운용모델에는 시너지 플러스(Synergy Plus), 솔루션 통합자(Solution Integrator), 산업혁신자(Industry Innovator) 모델이 있다.
④ 제4자 물류는 단수 기업의 물류업무를 종합적으로 지원하는 개념이다.

14 다음 중 영업용 트럭운송의 단점이 아닌 것은?

① 운임의 안정화가 곤란하다.
② 관리기능이 저해된다.
③ 기동성이 부족하다.
④ 인적투자가 필요 없다.

15 자가용 트럭운송의 장점에 해당하지 않는 것은?

① 작업의 기동성이 높다.
② 위험부담도가 낮다.
③ 설비투자가 필요하다.
④ 높은 신뢰성이 확보된다.

제1회 정답 및 해설

제1과목 교통 및 화물자동차 운수사업 관련 법규

1 ③

자동차란 철길이나 가설된 선을 이용하지 아니하고 원동기를 사용하여 운전되는 차(견인되는 자동차도 자동차의 일부로 봄)로서 다음의 차를 말한다.
㉠ 「자동차관리법」에 따른 다음의 자동차. 다만, 원동기장치자전거는 제외
- 승용자동차
- 승합자동차
- 화물자동차
- 특수자동차
- 이륜자동차

2 ④

황색 신호등의 등화
㉠ 차마는 정지선이 있거나 횡단보도가 있을 때에는 그 직전이나 교차로의 직전에 정지하여야 하며, 이미 교차로에 차마의 일부라도 진입한 경우에는 신속히 교차로 밖으로 진행하여야 한다.
㉡ 차마는 우회전할 수 있고 우회전하는 경우에는 보행자의 횡단을 방해하지 못한다.

3 ②

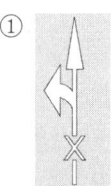 

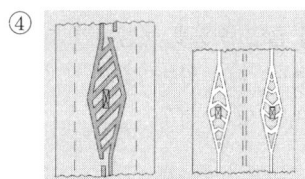

4 ①

편도 3차로 이상 고속도로에서 왼쪽 차로로 통행할 수 있는 차량은 승용자동차 및 경형·소형·중형 승합자동차이다.

5 ②

도로 우측 부분의 폭이 6미터가 되지 아니하는 도로에서 다른 차를 앞지르려는 경우 운전자는 도로의 중앙이나 좌측부분을 통행할 수 있다. 다만, 다음에 해당하는 경우에는 그러하지 아니하다.
㉠ 도로의 좌측 부분을 확인할 수 없는 경우
㉡ 반대 방향의 교통을 방해할 우려가 있는 경우
㉢ 안전표지 등으로 앞지르기를 금지하거나 제한하고 있는 경우

6 ③

일반도로의 최고속도와 최저속도
㉠ 편도 2차로 이상
- 최고속도 : 매시 80km 이내
- 최저속도 : 제한 없음

㉡ 편도 1차로
- 최고속도 : 매시 60km 이내
- 최저속도 : 제한 없음

7 ③

최고속도의 20%를 줄인 속도로 운행해야 하는 경우
㉠ 비가 내려 노면이 젖어 있는 경우
㉡ 눈이 20mm 미만 쌓인 경우

8 ②

일시정지 하여야 하는 장소
㉠ 보도와 차도가 구분된 도로에서 도로 외의 곳을 출입할 때에는 보도를 횡단하기 직전에 일시정지
㉡ 모든 차의 운전자는 신호기 등이 표시하는 신호가 없는 철길 건널목을 통과하려는 경우에는 철길 건널목 앞에서 일시정지
㉢ 보행자가 횡단보도를 통행하고 있을 때에는 보행자의 횡단을 방해하거나 위험을 주지 아니하도록 그 횡단보도 앞에서 일시정지
㉣ 보행자전용도로의 통행이 허용된 곳에서 보행자를 위험하게 하거나 보행자의 통행을 방해하지 아니하도록 보행자의 걸음속도로 운행하거나 일시정지
㉤ 교차로나 그 부근에서 긴급자동차가 접근하는 경우에는 교차로를 피하여 일시정지
㉥ 교통정리를 하고 있지 아니하고 좌우를 확인할 수 없거나 교통이 빈번한 교차로에서는 일시정지
㉦ 시ㆍ도경찰청장이 필요하다고 인정하여 안전표지로 지정한 곳

㉧ 어린이가 보호자 없이 도로를 횡단할 때, 어린이가 도로에서 앉아 있거나 서 있을 때 또는 어린이가 도로에서 놀이를 할 때 등 어린이에 대한 교통사고의 위험이 있는 것을 발견한 경우, 앞을 보지 못하는 사람이 흰색 지팡이를 가지거나 장애인보조견을 동반하는 등의 조치를 하고 횡단하고 있는 경우, 지하도나 육교 등 도로 횡단시설을 이용할 수 없는 지체장애인이나 노인 등이 도로를 횡단하고 있는 경우에는 일시정지
㉨ 차량신호등이 적색등화의 점멸인 경우 정지선이나 횡단보도가 있을 때에는 그 직전이나 교차로의 직전에 일시정지

9 ④

화물자동차의 적재높이는 지상으로부터 4미터의 높이를 초과하여서는 아니 된다. 도로구조의 보전과 통행의 안전에 지장이 없다고 인정하여 고시한 도로노선의 경우에는 4.2미터, 소형 3륜 자동차의 경우 지상으로부터 2.5미터, 이륜자동차의 경우 지상으로부터 2미터의 높이를 초과하여서는 아니 된다.

10 ③

③ 범칙금 부과 행위에 해당한다.
※ **교통법규 위반 벌점 10점인 경우**
㉠ 통행구분 위반(보도침범, 보도 횡단방법 위반)
㉡ 지정차로 통행위반(진로변경 금지장소에서의 진로변경 포함)
㉢ 일반도로 전용차로 통행위반
㉣ 안전거리 미확보(진로변경 방법위반 포함)
㉤ 앞지르기 방법위반
㉥ 보행자 보호 불이행(정지선위반 포함)
㉦ 승객 또는 승하차자 추락방지조치위반

ⓞ 안전운전 의무 위반
㉢ 노상 시비·다툼 등으로 차마의 통행 방해행위
㉣ 돌·유리병·쇳조각이나 그 밖에 도로에 있는 사람이나 차마를 손상시킬 우려가 있는 물건을 던지거나 발사하는 행위
㉤ 도로를 통행하고 있는 차마에서 밖으로 물건을 던지는 행위

11 ④

보도가 설치된 도로의 보도를 침범한 경우 보도침범사고, 통행방법위반 등의 행위로 처벌을 받는다.

12 ④

사고피양 등 부득이한 중앙선침범 사고는 특례대상이 된다.
㉠ 앞차의 정지를 보고 추돌을 피하려다 중앙선을 침범한 사고
㉡ 보행자를 피양하다 중앙선을 침범한 사고
㉢ 빙판길에 미끄러지면서 중앙선을 침범한 사고

13 ③

도주가 적용되지 않는 경우
㉠ 피해자가 부상 사실이 없거나 극히 경미하여 구호조치가 필요치 않는 경우
㉡ 가해자 및 피해자 일행 또는 경찰관이 환자를 후송 조치하는 것을 보고 연락처를 주고 가버린 경우
㉢ 교통사고 가해운전자가 심한 부상을 입어 타인에게 의뢰하여 피해자를 후송 조치한 경우
㉣ 교통사고 장소가 혼잡하여 도저히 정지할 수 없어 일부 진행한 후 정지하고 되돌아와 조치한 경우

14 ④

화물자동차 운수사업의 운전업무에 종사하려는 자는 ㉠ 및 ㉡의 요건을 갖춘 후 ㉢ 또는 ㉣의 요건을 갖추어야 한다.
㉠ 국토교통부령으로 정하는 연령·운전경력 등 운전업무에 필요한 요건을 갖출 것
㉡ 국토교통부령으로 정하는 운전적성에 대한 정밀검사기준에 맞을 것. 이 경우 운전적성에 대한 정밀검사는 국토교통부장관이 시행한다.
㉢ 화물자동차 운수사업법령, 화물취급요령 등에 관하여 국토교통부장관이 시행하는 시험에 합격하고 정하여진 교육을 받을 것
㉣ 「교통안전법」제56조에 따른 교통안전체험에 관한 연구·교육시설에서 교통안전체험, 화물취급요령 및 화물자동차 운수사업법령 등에 관하여 국토교통부장관이 실시하는 이론 및 실기 교육을 이수할 것

15 ④

운송약관에 기재하여야 하는 사항
㉠ 사업의 종류
㉡ 운임 및 요금의 수수 또는 환급에 관한 사항
㉢ 화물의 인도·인수·보관 및 취급에 관한 사항
㉣ 운송책임의 시기(始期) 및 종기(終期)
㉤ 손해배상 및 면책에 관한 사항
㉥ 그 밖에 화물자동차 운송사업을 경영하는 데에 필요한 사항

16 ①

화물자동차 운송사업의 허가를 받은 자(운송사업자)가 허가사항을 변경하려면 국토교통부령으로 정하는 바에 따라 국토교통부장관의 변경허가를 받아야 한다. 다만, 대통령령으로 정하는 경미한 사항을 변경하려면 국토교통부령으로 정하는 바에 따라 국토교통부장관에게 신고하여야 한다.

※ 허가사항 변경신고의 대상
  ㉠ 상호의 변경
  ㉡ 대표자의 변경(법인인 경우만 해당)
  ㉢ 화물취급소의 설치 또는 폐지
  ㉣ 화물자동차의 대폐차
  ㉤ 주사무소·영업소 및 화물취급소의 이전. 다만, 주사무소 이전의 경우에는 관할 관청의 행정구역 내에서의 이전만 해당한다.

17 ④

보험 등 의무가입자 및 보험회사 등은 다음의 어느 하나에 해당하는 경우 외에는 책임보험계약 등의 전부 또는 일부를 해제하거나 해지하여서는 아니 된다.
  ㉠ 화물자동차 운송사업의 허가사항이 변경(감차만을 말한다)된 경우
  ㉡ 화물자동차 운송사업을 휴업하거나 폐업한 경우
  ㉢ 화물자동차 운송사업의 허가가 취소되거나 감차 조치 명령을 받은 경우
  ㉣ 화물자동차 운송주선사업의 허가가 취소된 경우
  ㉤ 화물자동차 운송가맹사업의 허가사항이 변경(감차만을 말한다)된 경우
  ㉥ 화물자동차 운송가맹사업의 허가가 취소되거나 감차 조치 명령을 받은 경우
  ㉦ 적재물배상보험등에 이중으로 가입되어 하나의 책임보험계약등을 해제하거나 해지하려는 경우
  ㉧ 보험회사 등이 파산 등의 사유로 영업을 계속할 수 없는 경우
  ㉨ 그 밖에 ㉠부터 ㉧까지의 규정에 준하는 경우로서 대통령령으로 정하는 경우

18 ②

운송사업자는 운송약관을 정하여 국토교통부장관에게 신고하여야 한다. 이를 변경하려는 때에도 또한 같다.

19 ③

화물자동차 운송가맹사업의 허가기준

항목	허가기준
허가기준 대수	50대 이상(운송가맹점이 소유하는 화물자동차 대수를 포함하되, 8개 이상의 시·도에 각각 5대 이상 분포되어야 한다)
사무실 및 영업소	영업에 필요한 면적
최저보유차고 면적	화물자동차 1대당 그 화물자동차의 길이와 너비를 곱한 면적(화물자동차를 직접 소유하는 경우만 해당한다)
화물자동차의 종류	화물자동차(화물자동차를 직접 소유하는 경우만 해당한다)
그 밖의 운송시설	화물정보망을 갖출 것

20 ③

운송사업자는 화물자동차 운송사업을 양도·양수하는 경우에는 양도·양수에 소요되는 비용을 위·수탁차주에게 부담시켜서는 아니 된다.

21 ①

운임 및 요금을 신고하여야 하는 화물자동차 운송사업의 허가를 받은 자(운송사업자) 또는 화물자동차 운송가맹사업의 허가를 받은 자(운송가맹사업자)는 다음의 어느 하나에 해당하는 운송사업자 또는 운송가맹사업자를 말한다.
㉠ 구난형 특수자동차를 사용하여 고장차량·사고차량 등을 운송하는 운송사업자 또는 운송가맹사업자(화물자동차를 직접 소유한 운송가맹사업자만 해당)
㉡ 견인형 특수자동차를 사용하여 컨테이너를 운송하는 운송사업자 또는 운송가맹사업자(화물자동차를 직접 소유한 운송가맹사업자만 해당)

22 ①

② 11인 이상을 운송하기에 적합하게 제작된 자동차
③ 화물을 운송하기에 적합한 화물적재공간을 갖추고, 화물적재공간의 총적재화물의 무게가 운전자를 제외한 승객이 승차공간에 모두 탑승했을 때의 승객의 무게보다 많은 자동차
④ 다른 자동차를 견인하거나 구난작업 또는 특수한 작업을 수행하기에 적합하게 제작된 자동차로서 승용자동차·승합자동차 또는 화물자동차가 아닌 자동차

23 ②

자동차 튜닝이 승인되지 않는 경우
㉠ 총중량이 증가되는 튜닝
㉡ 승차정원 또는 최대적재량의 증가를 가져오는 승차장치 또는 물품적재장치의 튜닝(승차정원 또는 최대적재량을 감소시켰던 자동차를 원상회복하는 경우와 동일한 형식으로 자기인증되어 제원이 통보된 차종의 승차정원 또는 최대적재량의 범위안에서 최대적재량을 증가시키는 경우, 차대 또는 차체가 동일한 승용자동차·승합자동차의 승차정원 중 가장 많은 것의 범위 안에서 해당 자동차의 승차정원을 증가시키는 경우는 제외)
㉢ 자동차의 종류가 변경되는 튜닝
㉣ 변경전보다 성능 또는 안전도가 저하될 우려가 있는 경우의 변경

24 ②

도로에 관한 금지행위 … 누구든지 정당한 사유 없이 도로에 대하여 다음의 행위를 하여서는 아니 된다.
㉠ 도로를 파손하는 행위
㉡ 도로에 토석, 입목·죽(竹) 등 장애물을 쌓아놓는 행위
㉢ 그 밖에 도로의 구조나 교통에 지장을 주는 행위
※ 정당한 사유없이 고속국도가 아닌 도로를 파손하여 교통을 방해하거나 교통에 위험을 발생하게 한 자는 10년 이하의 징역 또는 1억 원 이하의 벌금에 처한다.

25 ④

국가나 지방자치단체는 저공해자동차 및 저공해건설기계의 보급, 배출가스저감장치의 부착 또는 교체와 저공해엔진으로의 개조 또는 교체를 촉진하기 위하여 다음의 어느 하나에 해당하는 자에 대하여 예산의 범위에서 필요한 자금을 보조하거나 융자할 수 있다.
㉠ 저공해자동차 또는 저공해건설기계를 구입하거나 저공해자동차 또는 저공해건설기계로 개조하는 자
㉡ 저공해자동차 또는 저공해건설기계에 연료를 공급하기 위한 시설 중 다음 각 목의 시설을 설치하는 자
 • 천연가스를 연료로 사용하는 자동차에 천연가스를 공급하기 위한 시설로서 기후에너지환경부장관이 정하는 시설
 • 전기를 연료로 사용하는 자동차(이하 "전기자동차"라 한다)에 전기를 충전하기 위한 시설로서 기후에너지환경부장관이 정하는 시설
 • 그 밖에 태양광, 수소연료 등 기후에너지환경부장관이 정하는 저공해자동차 또는 저공해건설기계 연료공급시설
㉢ 자동차에 배출가스저감장치를 부착 또는 교체하거나 자동차의 엔진을 저공해엔진으로 개조 또는 교체하는 자
㉣ 자동차의 배출가스 관련 부품을 교체하는 자
㉤ 권고에 따라 자동차를 조기에 폐차하는 자
㉥ 그 밖에 배출가스가 매우 적게 배출되는 것으로서 기후에너지환경부장관이 정하여 고시하는 자동차를 구입하는 자

제2과목 화물취급요령

1 ④

운송장의 기능
㉠ 계약서 기능
㉡ 화물인수증 기능
㉢ 운송요금 영수증 기능
㉣ 정보처리 기본자료
㉤ 배달에 대한 증빙(배송에 대한 증거서류 기능)
㉥ 수입금 관리자료
㉦ 행선지 분류정보 제공(작업지시서 기능)

2 ④

운송장의 형태
㉠ 기본형 운송장(포켓타입)
㉡ 보조운송장
㉢ 스티커형 운송장
㉣ 배달표형 스티커 운송장
㉤ 바코드 절취형 스티커 운송장

3 ②

②는 집하담당자가 기재해야 한다.

4 ①

① 물적 유통활동에서 포장이란 일반적으로 공업포장을 말한다.

5 ③

포장의 기능
㉠ 보호성
㉡ 표시성
㉢ 상품성
㉣ 편리성
㉤ 효율성
㉥ 판매촉진성

6 ③

㉠ 온도제한 : 허용되는 온도범위 또는 최저, 최고 온도를 표시하는 것으로 허용되는 온도의 범위를 표시한 것이다.

㉡ 적재금지 : 포장의 위에 다른 화물을 쌓으면 안 된다는 표시

7 ①

①은 방수포장이다.

8 ②

화물 운반 시 주의해야 할 사항
㉠ 운반하는 물건이 시야를 가리지 않도록 한다.
㉡ 뒷걸음질로 화물을 운반해서는 안 된다.
㉢ 작업장 주변의 화물상태, 차량통행 등을 항상 살핀다.
㉣ 원기둥형을 굴릴 때는 앞으로 밀어 굴리고 뒤로 끌어서는 안 된다.
㉤ 화물자동차에서 화물을 내릴 때 로프를 풀거나 옆문을 열 때는 화물낙하 여부를 확인하고 안전위치에서 행한다.

9 ④

제재목을 적치할 때에는 건너지르는 대목을 3개소에 놓아야 한다.

10 ②

물품을 들어 올릴 때의 자세 및 방법
㉠ 몸의 균형을 유지하기 위해서 발은 어깨 넓이만큼 벌리고 물품으로 향한다.
㉡ 물품과 몸의 거리는 물품의 크기에 따라 다르나, 물품을 수직으로 들어 올릴 수 있는 위치에 몸을 준비한다.
㉢ 물품을 들 때에는 허리를 똑바로 펴야 한다.
㉣ 다리와 어깨의 근육에 힘을 넣고 팔꿈치를 바로 펴서 서서히 물품을 들어올린다.
㉤ 허리의 힘으로 드는 것이 아니고 무릎을 굽혀 펴는 힘으로 물품을 든다.

11 ②

② 트랙터 차량의 캡과 적재물의 간격을 120cm 이상으로 유지해야 한다.

12 ③

단독으로 화물을 운반하고자 할 때의 인력운반중량 권장기준
㉠ 일시작업(시간당 2회 이하) : 성인남자(25~30kg), 성인여자(15~20kg)
㉡ 계속작업(시간당 3회 이상) : 성인남자(10~15kg), 성인여자(5~10kg)

13 ③

① 스트레치 포장기를 사용하여 플라스틱 필름을 파렛트 화물에 감아 움직이지 않게 하는 방법
② 열수축성 플라스틱 필름을 파렛트 화물에 씌우고 슈링크 터널을 통화시킬 때 가열하여 필름을 수축시켜 파렛트와 밀착시키는 방식
④ 포장과 포장 사이에 미끄럼을 멈추는 시트를 넣음으로써 안전을 도모하는 방법

14 ①

수하역의 경우 낙하의 높이
㉠ 견하역 : 100cm 이상
㉡ 요하역 : 10cm 정도
㉢ 파렛트 쌓기의 수하역 : 40cm 정도

15 ②

인수증 상에 인수자 서명을 운전자가 임의 기재한 경우 무효로 간주되며, 문제가 발생하면 배송완료로 인정받을 수 없다.

제3과목 안전운행

1 ②

교통사고의 3대 요인
㉠ 인적요인
㉡ 차량요인
㉢ 도로·환경요인

2 ③

속도가 빨라질수록 시야의 범위가 좁아진다.

3 ②

야간에 운전자가 인지하기 좋은 색은 흰색이며, 흑색이 가장 나쁘다.

4 ③

① 작은 것은 멀리 있는 것 같이, 덜 밝은 것은 멀리 있는 것으로 느껴진다.
② 주시점이 가까운 좁은 시야에서는 빠르게 느껴지고, 비교 대상이 먼 곳에 있을 때는 느리게 느껴진다.
④ 주행 중 급정거 시 반대방향으로 움직이는 것처럼 보이거나 한쪽 방향의 곡선을 보고 반대방향의 곡선을 봤을 경우 더 구부러져 있는 것처럼 보인다.

5 ④

고령자의 교통안전 장애요인
㉠ 고령자의 시각능력
㉡ 고령자의 청각능력
㉢ 고령자의 사고능력
㉣ 고령자의 신경능력

6 ④

자동차의 주요 안전장치 … 제동장치, 주행장치, 조향장치, 현가장치

7 ④

타이어의 마모에 영향을 주는 요인 … 공기압, 하중, 속도, 커브, 브레이크, 노면상태

8 ②

수막현상 … 자동차가 물이 고인 노면을 고속으로 주행할 때 타이어는 그루부 사이에 있는 물을 배수하는 기능이 감소되어 물의 저항에 의해 노면으로부터 떠올라 물위를 미끄러지듯이 되는 현상이 발생하게 되는데 이 현상을 수막현상이라고 한다.

9 ④

④ 안전운전에 대한 설명이다.
※ **안전운전** … 운전자가 자동차를 그 본래의 목적에 따라 운행함에 있어서 운전자 자신이 위험한 운전을 하거나 교통사고를 유발하지 않도록 주의하여 운전하는 것을 말한다.

10 ④

다이브 … 자동차를 제동할 때 바퀴는 정지하려 하고 차체는 관성에 의해 이동하려는 성질 때문에 앞 범퍼 부분이 내려가는 현상
※ 자동차의 진동현상
    ㉠ **바운싱** : 이 진동은 차체가 Z축 방향과 평행 운동을 하는 고유 진동
    ㉡ **피칭** : 차체가 Y축을 중심으로 하여 회전운동을 하는 고유 진동
    ㉢ **롤링** : 차체가 X축을 중심으로 하여 회전운동을 하는 고유 진동
    ㉣ **요잉** : 차체가 Z축을 중심으로 하여 회전운동을 하는 고유 진동

11 ①

여름철 자동차 관리
㉠ 냉각장치 점검
㉡ 와이퍼의 작동상태 점검
㉢ 타이어 마모상태 점검
㉣ 차량내부의 습기제거

12 ④

주행제동 시 차량 쏠림현상이나 리어 앞쪽 라이닝 조기 마모 및 드럼 과열 제동 불능 및 브레이크 조기 록크 및 밀림 현상이 나타나면 좌우 타이어의 공기압 점검, 좌우 브레이크 라이닝 간극 및 드럼손상 점검, 브레이크 에어 및 오일 파이프 점검, 듀얼 서킷 브레이크 점검, 공기 빼기 작업, 에어 및 오일 파이프라인 이상 발견 등을 점검해야 한다.

13 ③

중앙분리대의 기능
㉠ 상하 차도의 교통 분리
㉡ 평면교차로가 있는 도로에서는 폭이 충분할 때 좌회전 차로로 활용할 수 있어 교통처리가 유연
㉢ 광폭 분리대의 경우 사고 및 고장 차량이 정지할 수 있는 여유공간을 제공
㉣ 보행자에 대한 안전섬이 됨으로써 횡단시 안전
㉤ 필요에 따라 유턴 방지
㉥ 대향차의 현광 방지
㉦ 도로표지, 기타 교통관제시설 등을 설치할 수 있는 장소를 제공

14 ③

대형 화물차나 버스의 바로 뒤에서 주행할 때에는 전방의 교통상황을 파악할 수 없으므로, 이럴 때는 함부로 앞지르기를 하지 않도록 하고, 또 시기를 보아서 대형차의 뒤에서 이탈해 주행한다.

15 ④

신호등의 장·단점
㉠ 장점
 • 교통류의 흐름을 질서 있게 한다.
 • 교통처리용량을 증대시킬 수 있다.
 • 교차로에서의 직각충돌사고를 줄일 수 있다.
 • 특정 교통류의 소통을 도모하기 위하여 교통 흐름을 차단하는 것과 같은 통제에 이용할 수 있다.
㉡ 단점
 • 과도한 대기로 인한 지체가 발생할 수 있다.
 • 신호지시를 무시하는 경향을 조장할 수 있다.
 • 신호기를 피하기 위해 부적절한 노선을 이용할 수 있다.
 • 교통사고, 특히 추돌사고가 다소 증가할 수 있다.

16 ③

커브길에서 앞지르기는 대부분 안전표지로 금지하고 있으나 안전표지가 없더라도 절대로 하지 않는다.

17 ④

언덕길에서 올라가는 차량과 내려오는 차량의 교행시에는 내려오는 차에 통행 우선권이 있다. 올라가는 차량이 양보해야 한다. 이는 내리막 가속에 의한 사고위험이 더 높다는 것을 고려한 방침이다.

18 ③

원심력은 커브가 작을수록 커진다.

19 ④

어린이가 앞좌석에 앉으면 운전장치나 물건 등을 만져 운전에 지장을 줄 수 있고 사고의 위험도 있다. 그러므로 반드시 어린이는 뒷자석에 태우고 도어의 안전잠금장치를 잠근 후 운행하여야 한다.

20 ②

엔진 출력이 감소되며 매연이 과다 발생시 점검사항
㉠ 엔진오일 및 필터 상태 점검
㉡ 에어 클리너 오염 상태 및 덕트 내부 상태 확인
㉢ 블로바이 가스 발생 여부 확인
㉣ 연료의 질 분석 및 흡·배기 밸브 간극 점검

21 ②

대향차가 교차로를 완전히 통과한 후 좌회전한다.

22 ②

교차로 황색신호시간에 일어날 수 있는 사고유형
㉠ 교차로 상에서 전 신호 차량과 후 신호 차량의 충돌
㉡ 횡단보도 전 앞차 정지 시 앞차 추돌
㉢ 횡단보도 통과 시 보행자, 자전거 또는 이륜차 충돌
㉣ 유턴 차량과 충돌

23 ④

충전용기 등은 자전거 또는 오토바이에 적재하여 운반하여서는 아니 된다. 다만, 차량이 통행하기 곤란한 지역 그 밖에 시·도지사가 지정하는 경우에는 그러하지 아니하다.

24 ②

고속도로에 진입할 때에는 방향지시등으로 진입 의사를 표시한 후 가속차로에서 충분히 속도를 높이고 주행하는 다른 차량의 흐름을 살펴 안전을 확인한 후 진입하여야 한다. 진입한 후에는 빠른 속도로 가속하여 교통흐름에 방해가 되지 않도록 하여야 한다.

25 ③

③ 운전자와 탑승자가 차량 내 또는 주변에 있는 것은 매우 위험하므로 가드레일 밖 등 안전한 장소로 대피한다.

제4과목 운송서비스

1 ④

고객서비스의 특성
㉠ 무형성
㉡ 동시성
㉢ 이질성
㉣ 소멸성
㉤ 무소유권

2 ④

고객이 서비스 품질을 평가하는 기준 … 신뢰성, 신속한 대응, 정확성, 편의성, 태도, 커뮤니케이션, 신용도, 안전성, 고객 이해도, 환경 등

3 ②

운전시 삼가야 할 운전행동
㉠ 갑자기 끼어들거나 욕설을 하면서 지나가는 행위
㉡ 욕설이나 경쟁심의 행위
㉢ 다른 차량의 통행을 방해하는 행위
㉣ 음악이나 경음기 소리를 크게 하는 행위
㉤ 경음기나 전조등으로 앞차를 재촉하는 행위
㉥ 계기판 윗부분에 발을 올려놓는 행위
㉦ 경찰관의 단속에 불응하고 항의하는 행위
㉧ 방향지시등을 켜지 않고 차선을 변경하거나 버스전용차로를 무단 통행하고 갓길을 주행하는 행위

4 ②

직업의 3가지 태도
㉠ 애정
㉡ 긍지
㉢ 열정

5 ③

③ 무거운 물건일 경우 손수레를 이용하여 배달한다.

6 ④

④ 제품의 품질을 유지하여 정시배송을 통해 소비자에게 질적으로 향상된 서비스를 제공한다.

7 ①

7R 원칙
- ㉠ Right Quality(적절한 품질)
- ㉡ Right Quantity(적절한 양)
- ㉢ Right Time(적절한 시간)
- ㉣ Right Place(적절한 장소)
- ㉤ Right Impression(좋은 인상)
- ㉥ Right Price(적절한 가격)
- ㉦ Right Commodity(적절한 상품)

8 ③

③ 물류는 물자의 유통을 말하는 것으로 서류 및 금전의 이동, 정보유통은 상류, 즉 상적유통에 관한 것이다.

9 ④

국민경제적 관점에서의 물류의 역할
- ㉠ 유통효율의 향상을 통한 물류비의 절감으로 기업의 체질개선 및 물가상승을 억제
- ㉡ 서비스의 향상으로 수요자에게 양질의 서비스를 제공
- ㉢ 상류(商流)의 합리화를 유발하여 상거래의 대형화
- ㉣ 자원의 낭비를 방지하여 자원이용의 효율화를 가능
- ㉤ 지역경제발전에 이바지하여 지역적인 인구의 편중을 억제
- ㉥ 사회자본의 증가와 설비투자를 요하므로 국민경제개발의 투자기회가 확대
- ㉦ 도시재개발 및 교통여건의 개선 등을 통해 도시생활자의 생활환경개선에 기여

10 ②

②는 공동 수배송의 단점이다.

11 ③

물류관리의 기본 목표는 비용절감과 재화의 시간적 및 공간적 효용가치의 창조를 통한 시장 능력의 강화 및 고객서비스 향상에 있다.

12 ①

① GPS에 대한 설명이다.

13 ①

제3자 물류는 물류업무를 분리하여 물류전문업체에 위탁하는 것으로 물류비용을 줄일 수 있고 기업은 핵심 사업에 집중할 수 있다는 장점이 있다.

14 ①

② 제조, 물류, 유통업체 등 공급자들이 협력하여 기술을 활용하는 등의 총체적인 관점에서 체인을 관리하여 최상의 서비스를 제공하고자 하는 전략이다.
③ 물류센터나 창고에서 받은 제품을 재고로 보관하지 않고 바로 배송준비를 하는 전략이다.
④ 생산단계별로 작업량을 조절하여 재고를 줄이는 전략이다.

15 ④

사업용 트럭운송의 장점
㉠ 수송비가 저렴하다.
㉡ 물동량의 변동에 대응한 안정수송이 가능하다.
㉢ 수송 능력이 높다.
㉣ 융통성이 높다.
㉤ 설비투자가 필요 없다.
㉥ 인적투자가 필요 없다.
㉦ 변동비 처리가 가능하다.

제2회 정답 및 해설

제1과목 교통 및 화물자동차 운수사업 관련 법규

1 ①
② 차마가 한 줄로 도로의 정하여진 부분을 통행하도록 차선으로 구분한 차도의 부분
③ 연석선, 안전표지 또는 그와 비슷한 인공구조물을 이용하여 경계를 표시하여 모든 차가 통행할 수 있도록 설치된 도로의 부분
④ 연석선, 안전표지나 그와 비슷한 인공구조물로 경계를 표시하여 보행자가 통행할 수 있도록 한 도로의 부분

2 ③
녹색 신호등의 점멸시 보행자는 횡단을 시작하여서는 아니 되고, 횡단하고 있는 보행자는 신속하게 횡단을 완료하거나 그 횡단을 중지하고 보도로 되돌아와야 한다.

3 ②
노면표시에 사용되는 각종 선에서 점선은 허용, 실선은 제한, 복선은 의미의 강조를 나타낸다.

4 ③
문제의 표지는 위험물적재차량통행금지를 나타내는 규제표지이다.

5 ②
화물자동차는 지상으로부터 4미터(도로구조의 보전과 통행의 안전에 지장이 없다고 인정하여 고시한 도로노선의 경우에는 4미터 20센티미터), 소형 3륜자동차는 지상으로부터 2미터 50센티미터, 이륜자동차는 지상으로부터 2미터의 높이의 기준을 넘어서는 아니 된다.

6 ③
고속도로의 최고속도 및 최저속도
㉠ 편도 2차로 이상
• 모든 고속도로
- 최고속도: 매시 100km[화물자동차(적재중량 1.5톤을 초과하는 경우에 한한다)], 특수자동차·위험물운반자동차·건설기계의 경우 매시 80km
- 최저속도: 매시 50km
• 지정·고시한 노선 또는 구간의 고속도로
- 최고속도: 매시 120km 이내, 특수자동차·위험물운반자동차·건설기계의 경우 매시 90km 이내
- 최저속도: 매시 50km
㉡ 편도 1차로
• 최고속도: 매시 80km
• 최저속도: 매시 50km

7 ④
④ 정지하여야 한다.
※ **서행하여야 하는 장소**
  ㉠ 교통정리를 하고 있지 아니하는 교차로
  ㉡ 도로가 구부러진 부근
  ㉢ 비탈길의 고갯마루 부근
  ㉣ 가파른 비탈길의 내리막
  ㉤ 시·도경찰청장이 안전표지로 지정한 곳

8 ②

제2종 보통면허로 운전할 수 있는 차량
㉠ 승용자동차
㉡ 승차정원 10인승 이하의 승합자동차
㉢ 적재중량 4톤 이하 화물자동차
㉣ 총중량 3.5톤 이하의 특수자동차
㉤ 원동기장치자전거

9 ④

①②③ 운전면허 취소사유
④ 운전면허 정지사유

10 ②

② 범칙금액은 2만 원에 해당한다.
※ 범칙금액이 3만 원인 범칙행위
   ㉠ 혼잡완화 조치위반
   ㉡ 지정차로 통행위반·차로너비보다 넓은 차 통행금지 위반(잔로변경금지 장소에서의 진로변경을 포함)
   ㉢ 속도위반(20km/h 이하)
   ㉣ 진로변경방법위반
   ㉤ 급제동금지위반
   ㉥ 끼어들기금지위반
   ㉦ 서행의무위반
   ㉧ 일시정지위반
   ㉨ 방향전환·진로변경 시 신호 불이행
   ㉩ 운전석 이탈 시 안전확보 불이행
   ㉪ 등승자 등의 안전을 위한 조치위반
   ㉫ 시·도경찰청 지정·공고 사항 위반
   ㉬ 좌석안전띠 미착용
   ㉭ 이륜자동차·원동기장치자전거 인명보호 장구 미착용
   ⓐ 어린이통학버스와 비슷한 도색·표지 금지 위반

11 ③

과속사고는 20km/h 초과시 성립하게 된다.

12 ④

교통사고처리특례법상 승객추락 방지의무 위반사고 유형
㉠ 운전자가 출발하기 전 그 차의 문을 제대로 닫지 않고 출발함으로써 탑승객이 추락, 부상을 당하였을 경우
㉡ 택시의 경우 승하차시 출입문 개폐는 승객자신이 하게 되어 있으므로, 승객탑승 후 출입문을 닫기 전에 출발하여 승객이 지면으로 추락한 경우
㉢ 개문발차로 인한 승객의 낙상사고의 경우
※ 개문 당시 승객의 손이나 발이 끼어 사고 난 경우나 택시의 경우 목적지에 도착하여 승객자신이 출입문을 개폐 도중 사고가 발생한 경우에는 특례대상이 된다.

13 ③

과징금의 용도
㉠ 화물 터미널의 건설 및 확충
㉡ 공동차고지의 건설과 확충
㉢ 신고포상금의 지급
㉣ 경영개선 및 화물에 대한 정보 제공사업 등 화물자동차 운수사업의 발전을 위하여 필요한 사항

14 ④

④ 정당한 사유 없이 법 제13조(개선명령)에 따른 개선명령을 이행하지 아니한 경우

15 ③

보조금 지급 정지 사유

㉠ 석유판매업자 또는 액화석유가스 충전사업자로부터 세금계산서를 거짓으로 발급받아 보조금을 지급받은 경우
㉡ 주유업자로부터 유류의 구매를 가장하거나 실제 구매금액을 초과하여 신용카드, 직불카드, 선불카드에 의한 거래를 하거나 이를 대행하게 하여 보조금을 지급받은 경우
㉢ 화물자동차 운수사업이 아닌 다른 목적에 사용한 유류분에 대하여 보조금을 지급받은 경우
㉣ 다른 운송사업자 등이 구입한 유류 사용량을 자기가 사용한 것으로 위장하여 보조금을 지급받은 경우
㉤ 제43조 제2항에 따라 대통령령으로 정하는 사항을 위반하여 보조금을 지급받은 경우
㉥ 소명서 및 증거자료의 제출요구에 따르지 아니하거나, 이에 따른 검사나 조사를 거부·기피 또는 방해한 경우

16 ④

운송사업자는 택시 요금미터기의 장착 등 국토교통부령으로 정하는 택시 유사표시행위를 하여서는 아니 된다.

17 ②

자격시험에 합격한 사람은 8시간 동안 교통안전공단에서 실시하는 다음의 교육을 받아야 한다.
㉠ 화물자동차 운수사업법령 및 도로관계법령
㉡ 교통안전에 관한 사항
㉢ 화물취급요령에 관한 사항
㉣ 자동차 응급처치방법
㉤ 운송서비스에 관한 사항

18 ①

화물운송 종사자격 취득 결격사유

㉠ 화물자동차 운수사업법을 위반하여 징역 이상의 실형(實刑)을 선고받고 그 집행이 끝나거나(집행이 끝난 것으로 보는 경우를 포함한다) 집행이 면제된 날부터 2년이 지나지 아니한 자
㉡ 화물자동차 운수사업법을 위반하여 징역 이상의 형(刑)의 집행유예를 선고받고 그 유예기간 중에 있는 자
㉢ 화물운송 종사자격이 취소(화물운송 종사자격을 취득한 자가 피성년후견인 또는 피한정후견인에 해당하여 허가가 취소된 경우는 제외한다)된 날부터 2년이 지나지 아니한 자
㉣ 국토교통부장관이 시행하는 시험일 전 또는 교육일 전 5년간 다음의 어느 하나에 해당하는 사람
• 음주운전, 음주측정 방해행위, 과로한 상태에서 운전 등에 해당하여 운전면허가 취소된 사람
• 무면허운전금지를 위반하여 운전면허를 받지 아니하거나 운전면허의 효력이 정지된 상태로 자동차등을 운전하여 벌금형 이상의 형을 선고받거나 운전면허가 취소된 사람
• 운전 중 고의 또는 과실로 3명 이상이 사망(사고발생일부터 30일 이내에 사망한 경우를 포함한다)하거나 20명 이상의 사상자가 발생한 교통사고를 일으켜 운전면허가 취소된 사람
㉤ 국토교통부장관이 시행하는 시험일 전 또는 교육일 전 3년간 공동 위험행위를 한 경우 및 난폭운전을 한 경우에 해당하여 운전면허가 취소된 사람

19 ①

화물자동차 운수사업법령상 휴게시간 없이 2시간 연속운전한 운수종사자에게 15분 이상의 휴게시간을 보장할 것. 다만, 예외에 해당하는 경우에는 1시간까지 연장운행을 하게 할 수 있으며 운행 후 30분 이상의 휴게시간을 보장해야 한다.

20 ②

화물자동차 운송사업에 종사하는 운수종사자는 다음의 어느 하나에 해당하는 행위를 하여서는 아니 된다.
㉠ 정당한 사유 없이 화물을 중도에서 내리게 하는 행위
㉡ 정당한 사유 없이 화물의 운송을 거부하는 행위
㉢ 부당한 운임 또는 요금을 요구하거나 받는 행위
㉣ 고장 및 사고차량 등 화물의 운송과 관련하여 자동차관리사업자와 부정한 금품을 주고받는 행위
㉤ 일정한 장소에 오랜 시간 정차하여 화주를 호객하는 행위
㉥ 문을 완전히 닫지 아니한 상태에서 자동차를 출발시키거나 운행하는 행위
㉦ 택시 요금미터기의 장착 등 국토교통부령으로 정하는 택시 유사표시행위
㉧ 적재된 화물이 떨어지지 아니하도록 덮개·포장·고정장치 등의 필요한 조치를 하지 않고 화물자동차를 운행하는 행위
㉨ 전기·전자장치를 무단으로 해체하거나 조작하는 행위

21 ②

② 말소등록을 신청하여야 할 자가 신청하지 아니한 경우

22 ②

자동차등록번호판을 가리거나 알아보기 곤란하게 하거나, 그러한 자동차를 운행한 경우에는 1차 과태료 50만 원, 2차 150만 원, 3차 250만 원에 처한다.

23 ③

최초 5년에 정기검사를 받은 후 2년 뒤에 정기검사를 받아야 한다.

24 ②

도로관리청이 운행을 제한할 수 있는 차량은 다음과 같다.
㉠ 축하중이 10톤을 초과하거나 총중량이 40톤을 초과하는 차량
㉡ 차량의 폭이 2.5미터, 높이가 4.0미터(도로 구조의 보전과 통행의 안전에 지장이 없다고 도로관리청이 인정하여 고시한 도로노선의 경우에는 4.2미터), 길이가 16.7미터를 초과하는 차량
㉢ 도로관리청이 특히 도로 구조의 보전과 통행의 안전에 지장이 있다고 인정하는 차량

25 ③

공회전 제한장치 부착명령 대상 자동차
㉠ 시내버스운송사업에 사용되는 자동차(광역급행형, 직행좌석형, 좌석형, 일반형)
㉡ 일반택시운송사업에 사용되는 자동차(경형, 소형, 중형, 대형, 모범형, 고급형)
㉢ 화물자동차운송사업에 사용되는 최대적재량이 1톤 이하인 밴형 화물자동차로서 택배용으로 사용되는 자동차

제2과목 화물취급요령

1 ④
착불화물의 경우에는 운송장을 증빙으로 제시하여 수하인에게 요금을 청구할 수 있다.

2 ②
② 보조운송장은 간단한 기본적인 내용과 원운송장을 연결시키는 내용만 기록한다.

3 ④
취급 표지의 크기
일반적인 목적으로 사용하는 취급 표지의 전체 높이는 100mm, 150mm, 200mm의 세 종류가 있다. 그러나 포장의 크기나 모양에 따라 표지의 크기는 조정할 수 있다.

4 ④
포장비는 수송, 보관 및 하역과정에서 제품의 보호 및 작업의 효율성 향상을 목적으로 발생하는 비용을 말한다. 포장비는 국가물류비에서 차지하는 비율은 점차 증가하는 추세에 있으나 그 비중은 4% 내외로 매우 작다.

5 ①
① 운송장은 물품의 정중앙 상단에 뚜렷하게 보이도록 부착한다.

6 ②

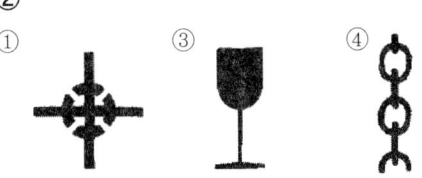

7 ②
② 바닥의 기름기나 물기는 즉시 제거하여 미끄럼 사고를 예방한다.

8 ③
화물더미에서 작업할 경우 주의해야 할 사항
㉠ 화물더미 한쪽 가장자리에서 작업할 때에는 화물더미의 불안전한 상태를 수시 확인하여 붕괴 등의 위험이 발생하지 않도록 주의해야 한다.
㉡ 화물더미에 오르내릴 때에는 화물의 쏠림이 발생하지 않도록 조심해야 한다.
㉢ 화물을 쌓거나 내릴 때에는 순서에 맞게 신중히 하여야 한다.
㉣ 화물더미의 화물을 출하할 때에는 화물더미 위에서부터 순차적으로 층계를 지으면서 헐어낸다.
㉤ 화물더미의 상층과 하층에서 동시에 작업을 하지 않는다.
㉥ 화물더미의 중간에서 화물을 뽑아내거나 직선으로 깊이 파내는 작업을 하지 않는다.
㉦ 화물더미 위에서 작업을 할 때에는 힘을 줄 때 발 밑을 항상 조심한다.
㉧ 화물더미 위로 오르고 내릴 때에는 안전한 승강시설을 이용한다.

9 ②
가벼운 화물이라도 너무 높게 적재하지 않도록 하여야 한다.

10 ③
③ 물품을 들 때는 허리를 똑바로 펴야 한다.

11 ④
파렛트의 가장자리를 높게 하여 포장화물을 안쪽으로 기울여 화물이 갈라지는 것을 방지하는 방법으로서 부대화물 따위에 효과가 있다.

12 ④

일반적으로 수하역의 경우에 낙하의 높이는 아래와 같다.
㉠ 견하역 : 100cm 이상
㉡ 요하역 : 10cm 정도
㉢ 파렛트 쌓기의 수하역 : 40cm 정도

13 ②

화물의 붕괴 방지 방법 중 파렛트 화물 사이에 생기는 틈바구니를 적당한 재료로 메우는 방법
㉠ 파렛트 화물이 서로 얽혀 버리지 않도록 사이사이에 합판을 넣는다.
㉡ 여러 가지 두께의 발포 스티롤판으로 틈새를 없앤다.
㉢ 에어백이라는 공기가 든 부대를 사용한다.

14 ④

높이 제한은 적재물을 포함한 차량의 높이가 4.0m를 초과한 경우 운행제한차량에 해당하게 된다.(도로 구조의 보전과 통행의 안전에 지장이 없다고 도로관리청이 인정하여 고시한 도로의 경우에는 4.2m)

15 ③

① 김치, 젓갈, 한약류 등 수량에 비해 포장이 약한 경우, 화물을 적재할 때 중량물을 상단에 적재하여 하단 화물 오손피해가 발생한 경우, 쇼핑백, 이불, 가펫 등 포장이 미흡한 화물을 중심으로 오손피해가 발생한 경우 나타난다.
② 대량화물을 취급할 때 수량 미확인 및 송장이 2개 부착된 화물을 집하한 경우, 집배송을 위해 차량을 이석하였을 때 차량 내 화물이 도난당한 경우, 화물을 인계할 때 인수자 확인이 부실한 경우 나타난다.
④ 마대화물 등 박스가 아닌 화물의 포장이 파손된 경우, 포장이 부실한 화물에 대한 절취 행위가 발생한 경우 나타난다.

제3과목 안전운행

1 ③

③ 속도가 빨라질수록 전방주시점은 멀어진다.

2 ③

동체시력의 특성
㉠ 동체시력은 물체의 이동속도가 빠를수록 상대적으로 저하된다.
㉡ 동체시력은 연령이 높을수록 더욱 저하된다.
㉢ 동체시력은 장시간 운전에 의한 피로상태에서도 저하된다.

3 ④

① 중간적 요인
② 직접적 요인
③ 중간적 요인

4 ②

운전피로의 3요인
㉠ 생활요인(수면ㆍ생활환경 등)
㉡ 운전작업 중의 요인(차내환경ㆍ차외환경ㆍ운행조건 등)
㉢ 운전자 요인(신체조건ㆍ경험조건ㆍ연령조건ㆍ성별조건ㆍ성격ㆍ질병 등)

5 ④

제동장치의 종류
㉠ 풋 브레이크
㉡ 주차 브레이크
㉢ 엔진 브레이크
㉣ ABS

6 ②

① 비가 자주 오거나 습도가 높은 날, 또는 오랜 시간 주차한 후에는 브레이크 드럼에 미세한 녹이 발생하는 현상
③ 타이어가 회전하면 이에 따라 타이어의 원주에서는 변형과 복원을 반복한다. 타이어의 회전속도가 빨라지면 접지부에서 받은 타이어의 변형이 다음 접지시점까지 복원되지 않고 접지의 뒤쪽에 진동의 물결이 일어나는 현상
④ 브레이크 마찰재가 물에 젖어 마찰계수가 작아져 브레이크의 제동력이 저하되는 현상

7 ②

수막현상을 방지하기 위해서는 타이어의 공기압을 조금 높게 하여야 한다.

8 ③

① 공주시간과 제동시간을 합한 시간
② 운전자가 자동차를 정지시켜야 할 상황임을 지각하고 브레이크로 발을 옮겨 브레이크가 작동을 시작하는 순간까지의 시간
④ 운전자가 위험을 인지하고 자동차를 정지시키려고 시작하는 순간부터 자동차가 완전히 정지할 때까지의 시간

9 ③

곡선부의 수가 많으면 사고율이 높을 것 같으나 반드시 그런 것은 아니다. 긴 직선구간 끝에 있는 곡선부는 짧은 직선구간 다음의 곡선부에 비하여 사고율이 높다.

10 ③

차로 폭은 관련 기준에 따라 도로의 설계속도, 지형조건 등을 고려하여 달리할 수 있으나 대개 3.0～3.5m를 기준으로 한다. 다만, 교량위, 터널내, 유턴차로 등에서 부득이한 경우 2.75m로 할 수 있다.

11 ③

핸들이 어느 속도에 이르면 극단적으로 흔들린다. 특히 핸들 자체에 진동이 일어나면 앞바퀴 불량이 원인일 때가 많다. 휠 얼라이먼트가 맞지 않거나 바퀴 자체의 휠 밸런스가 맞지 않을 때 주로 일어난다.

12 ①

갓길의 역할
㉠ 고장차가 본선차도로부터 대피할 수 있고, 사고 시 교통의 혼잡을 방지하는 역할을 한다.
㉡ 측방 여유폭을 가지므로 교통의 안전성과 쾌적성에 기여한다.
㉢ 유지관리 작업장이나 지하매설물에 대한 장소로 제공된다.
㉣ 절토부 등에서는 곡선부의 시거가 증대되기 때문에 교통의 안전성이 높다.
㉤ 유지가 잘되어 있는 길어깨는 도로 미관을 높인다.
㉥ 보도 등이 없는 도로에서는 보행자 등의 통행 장소로 제공된다.

13 ②

① 양방향 차로(오르막차로, 회전차로, 변속차로 및 양보차로를 제외)의 수를 합한 것
③ 차도를 통행의 방향에 따라 분리하거나 성질이 다른 같은 방향의 교통을 분리하기 위하여 설치하는 도로의 부분이나 시설물

④ 도로를 보호하고 비상시에 이용하기 위하여 차도에 접속하여 설치하는 도로의 부분

14 ②

해질 무렵, 터널 등 조명조건이 나쁠 때에는 속도를 줄여서 주행하도록 한다.

15 ④

교차로에서는 앞차를 따라 차간거리를 유지하며 진행해야 하며, 맹목적으로 앞차를 따라가면 안 된다.

16 ③

내리막길을 내려가기 전에는 미리 감속하여 천천히 내려가며 엔진 브레이크로 속도를 조절하는 것이 바람직하다. 엔진 브레이크를 사용하면 페이드 현상을 예방하여 운행 안전도를 더욱 높일 수 있다.

17 ④

안전한 야간운전 방법
㉠ 해가 저물면 곧바로 전조등을 점등하도록 한다.
㉡ 주간보다 속도를 낮추어 주행하도록 한다.
㉢ 야간에 흑색이나 감색의 복장을 입은 보행자는 발견하기 곤란하므로 보행자의 확인에 더욱 세심한 주의를 기울이도록 한다.
㉣ 실내를 불필요하게 밝게 하지 말도록 한다.
㉤ 가급적 전조등이 비치는 곳 끝까지 살피도록 한다.
㉥ 주간보다 안전에 대한 여유를 크게 가져야 한다.
㉦ 대향차의 전조등을 바로 보지 말도록 한다.
㉧ 자동차가 교행할 때에는 조명장치를 하향 조정하도록 한다.
㉨ 장거리 운행할 때에는 운행계획을 세워 적시에 휴식을 취하도록 한다.
㉩ 노상에 주·정차를 하지 말도록 한다.
㉪ 문제가 발생했을 경우 정차시는 여러 가지 안전조치를 취하도록 한다.
㉫ 운전 시에는 흡연을 하지 않도록 한다.
㉬ 술에 취한 사람이 차도로 뛰어드는 경우를 조심하도록 한다.

18 ④

스텐딩 웨이브 현상을 예방하기 위해서는 속도를 맞추거나 공기압을 높여야 한다.

19 ③

어린이들이 당하기 쉬운 교통사고 유형
㉠ 도로에 갑자기 뛰어들기
㉡ 도로 횡단 중의 부주의
㉢ 도로상에서 위험한 놀이
㉣ 자전거 사고
㉤ 차내 안전사고

20 ④

정차 중 엔진의 시동이 꺼질 경우 조치사항
㉠ 연료공급 계통의 공기빼기 작업
㉡ 워터 세퍼레이터 공기 유입 부분 확인하여 현장에서 조치 가능하면 작업에 착수
㉢ 작업 불가시 응급 조치하여 공장으로 입고

21 ④

앞지르기 전에 앞차에게 신호로 알린다.

22 ③
앞 차량을 따라 계속 건너갈 때에는 앞 차량이 건너간 맞은편에 본인 차가 들어갈 여유 공간이 있을 때 통과한다.

23 ④
④ 여름철 자동차관리 방법에 해당한다.
※ 겨울철 자동차관리
  ㉠ 월동장비 점검
  ㉡ 부동액 점검
  ㉢ 써머스타 상태 점검
  ㉣ 체인 점검

24 ③
고속도로 긴급견인 서비스는 한국도로공사 콜센터 1588-2504이다. 고속도로 본선, 갓길에 멈춰 2차 사고가 우려되는 소형차량을 안전지대까지 견인하는 제도로 한국도로공사에서 비용을 부담하는 무료서비스이다.

25 ④
축하중 10톤의 화물자동차는 승용차 7만대 통행과 동일한 도로파손을 야기한다.

제4과목 운송서비스

1 ③
고객만족을 위한 서비스 품질의 종류 … 상품 품질, 영업 품질, 서비스 품질

2 ③
고객에게 인사를 할 경우 손을 주머니에 넣거나 의자에 앉아서 하는 일이 없도록 하여야 한다.

3 ①
배달시 행동방법
  ㉠ 배달은 서비스의 완성이라는 자세로 한다.
  ㉡ 긴급배송을 요하는 화물은 우선 처리하고, 모든 화물은 반드시 기일 내 배송한다.
  ㉢ 수하인 주소가 불명확할 경우 사전에 정확한 위치를 확인 후 출발한다.
  ㉣ 무거운 물건일 경우 손수레를 이용하여 배달한다.
  ㉤ 고객이 부재 시에는 부재중 방문표를 반드시 이용한다.
  ㉥ 방문 시 밝고 명랑한 목소리로 인사하고 화물을 정중하게 고객이 원하는 장소에 가져다 놓는다.
  ㉦ 인수증 서명은 반드시 정자로 실명 기재 후 받는다.
  ㉧ 배달 후 돌아갈 때에는 이용해 주셔서 고맙다는 뜻을 밝히며 밝게 인사한다.

4 ①
물류에 대한 개념적 관점에서의 물류의 역할
  ㉠ 국민경제적 관점
  ㉡ 사회경제적 관점
  ㉢ 개별기업적 관점

5 ④

고객의 욕구
㉠ 기억되기를 바란다.
㉡ 환영받고 싶어 한다.
㉢ 관심을 가져주기를 바란다.
㉣ 중요한 사람으로 인식되기를 바란다.
㉤ 편안해 지고 싶어 한다.
㉥ 칭찬받고 싶어 한다.
㉦ 기대와 욕구를 수용하여 주기를 바란다.

6 ②

② 전화는 해도 불만, 안해도 불만을 초래할 수 있다. 그러나 전화를 하는 것이 더 좋다.

7 ③

③ 상류에 대한 설명이다.

8 ④

물류의 효율화를 통하여 기업은 비용을 줄일 수 있을 뿐만 아니라 고객에게 적시에 필요한 물품을 제공할 수 있게 되어 고객의 만족도도 향상된다.

9 ①

물류관리는 생산과 소비자 사이에 형성된 독립된 시스템을 의미한다.

10 ④

④는 거래 후 요소에 해당한다.

11 ①

제4자 물류는 앤더슨 컨설팅사에서 처음 사용한 용어로서 제3자 물류보다 범위가 넓은 공급망의 역할을 담당하며 전체적인 공급망에 영향을 주는 능력을 통하여 가치를 증식한다.

12 ③

신속대응(QR)을 활용함으로써 소매업자는 유지비용의 절감, 고객서비스의 제고, 높은 상품회전율, 매출과 이익증대 등의 혜택을 볼 수 있다. 또한 제조업자는 정확한 수요예측, 주문량에 따른 생산의 유연성 확보, 높은 자산회전율 등의 혜택을 볼 수 있다.

13 ④

④ 공급경로상의 여러 기업의 물류업무를 종합적으로 지원한다.

14 ④

영업용 트럭운송의 단점
㉠ 운임의 안정화가 곤란하다.
㉡ 관리기능이 저해된다.
㉢ 기동성이 부족하다.
㉣ 시스템의 일관성이 없다.
㉤ 인터페이스가 약하다.
㉥ 마케팅 사고가 희박하다.

15 ③

자가용 트럭운송의 장점
㉠ 높은 신뢰성이 확보된다.
㉡ 상거래에 기여한다.
㉢ 작업의 기동성이 높다.
㉣ 안정적 공급이 가능하다.
㉤ 시스템의 일관성이 유지된다.
㉥ 위험부담도가 낮다.
㉦ 인적 교육이 가능하다.